测绘地理信息科技出版资金资助

长距离单历元非差 GNSS 网络 RTK 理论与方法

Theory and Methods of Undifference GNSS Network RTK between Long Range at Single

祝会忠　著

测绘出版社

·北京·

内 容 简 介

本书对网络 RTK 算法的定位理论和各类误差处理方法做了系统的介绍和研究。主要内容有:讨论了 GNSS 网络 RTK 定位的有关理论基础;介绍了 GNSS 定位中各种误差的特性及其误差处理方法,重点分析了网络 RTK 定位中各种误差的处理方法;着重介绍了长距离网络 RTK 基准站间双差整周模糊度单历元确定的理论和算法;提出了区域误差非差改正方法,并详细地给出了利用长距离基准站整周模糊度,计算大区域范围内非差误差改正数的方法和公式推导过程;提出了长距离网络 RTK 流动站整周模糊度单历元解算方法。

本书的主要读者对象为从事卫星大地测量,特别是高精度 GNSS 实时动态定位算法方面的研究人员以及从事测绘技术和相关专业的高等学校师生。

图书在版编目(CIP)数据

长距离单历元非差 GNSS 网络 RTK 理论与方法/祝会忠著. —北京: 测绘出版社, 2014.6

ISBN 978-7-5030-3481-7

Ⅰ. ①长… Ⅱ. ①祝… Ⅲ. ①卫星导航—全球定位系统 Ⅳ. ①P228.4

中国版本图书馆 CIP 数据核字(2014)第 090944 号

责任编辑 田 力 **封面设计** 李 伟 **责任校对** 董玉珍 **责任印制** 喻 迅

出版发行	测绘出版社	**电　　话**	010—83543956(发行部)
地　　址	北京市西城区三里河路 50 号		010—68531609(门市部)
邮政编码	100045		010—68531363(编辑部)
电子信箱	smp@sinomaps.com	**网　　址**	www.chinasmp.com
印　　刷	北京柏力行彩印有限公司	**经　　销**	新华书店
成品规格	169mm×239mm		
印　　张	8.5	**字　　数**	162 千字
版　　次	2014 年 6 月第 1 版	**印　　次**	2014 年 6 月第 1 次印刷
印　　数	0001—1000	**定　　价**	28.00 元

书　　号 ISBN 978-7-5030-3481-7/P·724

本书如有印装质量问题,请与我社门市部联系调换。

前　言

网络 RTK 作为 GNSS 高精度实时动态定位的重要手段得到了广泛应用。国内网络 RTK 系统中基准站间距一般在 30～80 km，且基准站的建设成本较高，选址要求比较严格。长距离网络 RTK 不仅可以减少建设基准站网的成本，还可以解决建设基准站较困难地区的网络 RTK 系统建设问题。单历元网络 RTK 算法使系统在单历元即可启动，流动站用户仅利用单历元数据即可实现厘米级定位。使用观测值的非差误差改正数，流动站用户不需要选择主参考站进行双差观测值的组合，能够更好地对与距离相关的误差进行模型化；且各基准站的误差改正数是独立的，可以方便地通过网络播发和接收；利用非差误差改正数可以使网络 RTK 的作业方式更加灵活，兼容性好，在用户端可以很方便地与精密单点定位方法进行统一。

本书介绍长距离单历元非差网络 RTK 算法，能够利用长距离基准站网建立高精度非差误差改正模型，并利用非差误差改正数实现流动站的单历元厘米级定位。可以促进国内网络 RTK 技术的发展，能够使网络 RTK 和精密单点定位这两种主要的 GNSS 高精度实时动态定位手段得到统一，具有非常重要的理论意义和现实意义。

本书共分七章。第 1 章为概论，简要介绍了网络 RTK，对 RTK 技术和 PPP 技术做了较为系统的总结，使读者对两种技术有概要了解；第 2 章为长距离网络 RTK 中使用到的 GNNS 定位理论知识；第 3 章介绍长距离网络 RTK 中涉及的定位误差；第 4 章为长距离网络 RTK 的基准站模糊度解算方法，首先介绍了比较具有代表性的基准站模糊度解算方法，然后重点介绍长距离网络 RTK 基准站整周模糊度单历元解算方法；第 5 章为长距离基准站间的非差误差改正方法，首先介绍了已有的以双差为主的误差改正方法，然后介绍本书区域误差的非差改正方法和分类区域误差非差改正方法；第 6 章为长距离网络 RTK 流动站的整周模糊度解算，主要介绍已有的流动站模糊度解算方法和长距离网络 RTK 流动站整周模糊度单历元解算方法；第 7 章为基于非差误差改正数的长距离单历元网络 RTK 的综合实验。通过以上七章系统地介绍，使读者对长距离单历元非差 GNSS 网络 RTK 理论和方法有一个较为全面的了解。

本书的主要读者对象为从事卫星大地测量，特别是高精度 GNSS 实时动态定位算法方面的研究人员以及高等学校从事测绘技术和相关专业的师生。由于作者水平有限，加之时间仓促，书中难免存在诸多不足与不妥之处，敬请读者批评指正。

本书是以作者博士期间的研究成果为主体内容编写的，在此感谢我的恩师刘经南院士，以及葛茂荣、唐卫明、高星伟三位老师的教诲。本书编写过程中得到了徐爱功教授的支持和帮助，在此表示诚挚感谢。

目　录

Contents

第1章 概 论

§1.1 长距离单历元非差网络RTK的发展背景与意义

1.1.1 长距离单历元非差网络RTK的发展背景

从20世纪70年代开始，全球导航卫星系统(GNSS)逐步发展起来，卫星导航定位技术也随之成为人类获取位置信息和时间信息的重要手段。GNSS卫星导航定位技术是采用GNSS导航卫星对地面、海洋、空中和空间用户进行导航定位的技术。GNSS卫星导航定位技术能够实现全球性、全天候、高精度的导航定位，并在军事、空间技术、国民经济建设等领域得到了广泛的应用。GNSS卫星导航定位会受到卫星钟差、接收机钟差、中性大气延迟误差、电离层延迟误差、卫星轨道误差等误差的影响，从而降低了GNSS定位的精度。为了满足高精度实时动态定位的需求，高精度实时动态定位技术成为GNSS卫星导航定位技术的研究热点。

目前，载波相位动态实时差分(RTK)技术和精密单点定位(PPP)技术是比较重要的GNSS高精度实时动态定位手段。RTK定位技术分为常规RTK定位技术和网络RTK定位技术，常规RTK定位技术是一种基于单基准站和高精度载波相位观测值的实时动态定位技术，主要利用单基准站进行差分定位，以削弱或消除各种观测误差的影响，但其流动站作业范围一般在基准站周围15 km以内，并且作业成本大、操作烦琐。为了克服常规RTK定位技术的不足，随着网络技术、计算机技术、无线通信技术的迅速发展，就出现了网络RTK定位技术，此技术成为GNSS高精度实时动态差分定位的典型代表。网络RTK是在一个区域内建立多个基准站，然后利用基准站网高精度的载波相位观测数据对流动站用户观测值的误差进行改正，并得到高精度的流动站定位结果。PPP技术是在一般单点定位的基础上发展起来的一种新的定位方式，主要利用精密卫星轨道、卫星钟差和非差载波相位观测值，估计出一些系统误差后直接得到用户高精度的地心参考系统坐标。

由于网络RTK有许多优点，能够实时为覆盖区域内的各种工程、科研、社会经济等需求提供可靠的服务，因此，网络RTK技术得到了广泛的应用。同时，连续运行基准站(CORS)系统作为网络RTK系统的重要基础设施，在国内外许多国家和地区纷纷建立起来。如美国、加拿大、德国、日本等都建立了自己的国家

CORS 系统,我国许多省市也都建立或正在建设自己的 CORS 系统。网络 RTK 算法作为网络 RTK 技术的最核心部分,受到国内外许多 GNSS 高精度实时动态定位研究者的关注,研究者在此方面取得了很多成果。

网络 RTK 的算法可以分为三个关键内容:一是基准站间实时观测值的整周模糊度解算,主要是基准站观测值误差的计算;二是区域误差模型的建立,也就是流动站大气等环境误差和观测值误差的计算与消除;三是流动站用户处整周模糊度的确定,即进行流动站高精度动态定位(高星伟,2002)。只有准确确定基准站的模糊度,才能得到高精度的基准站综合误差,或是建立高精度的区域误差改正模型,从而很好地消除流动站的观测误差影响,以至快速进行流动站整周模糊度的解算,得到流动站的厘米级定位结果。因此,网络 RTK 算法的首要前提条件是基准站载波相位观测值整周模糊度的准确确定。由于网络 RTK 系统中 CORS 站的间距一般都在 30～80 km,所以基准站间的相对电离层延迟误差和中性大气延迟误差等误差对双差观测值的影响较大,即使在使用双频观测数据和基准站坐标已知的情况下,利用直接取整的方法确定整周模糊度也很困难。因此需要一些特殊的方法来进行基准站整周模糊度的解算,例如三步法、单历元搜索方法等。在基准站模糊度确定之后,就可以采取一些方法建立区域误差模型进行流动站误差改正,例如虚拟参考站法、区域误差改正参数法、综合误差内插法等。流动站观测值的误差得到改正之后,就可以确定流动站载波相位观测值的整周模糊度,由于消除了流动站的大部分观测误差,因此可以采用整周模糊度解算方法确定流动站载波相位观测值的整周模糊度,例如整数最小二乘法及其降相关平差算法等。

电离层延迟误差等主要系统误差具有随距离的增加相关性降低的特性,所以目前建立和使用的 CORS 网基准站间距大都在 30～80 km 之间。现有比较成熟的商业化软件主要是在基准站间距为几十千米的网络 RTK 系统中应用。长距离基准站间整周模糊度的确定以及大范围内区域误差的高精度误差改正数确定比较困难,这是限制基准站间距离不能太远的重要原因。现有的网络 RTK 系统所采用的软件需要一段时间才能启动系统,即完成基准站间整周模糊度的确定,新升起卫星的模糊度确定也需要十几分钟或几分钟。并且随着观测时间的增加,还需要考虑基准卫星变化的问题。流动站用户也需要一段时间来进行初始化。网络 RTK 和 PPP 作为目前高精度实时动态定位的重要手段,由于它们的定位模式不同,目前还尚未找到两者相统一的方法。

1.1.2 长距离单历元非差网络 RTK 的意义

目前,网络 RTK 技术已经成为 GNSS 高精度实时动态定位领域一种不可替代的定位方法,并且得到了广泛的应用。但 GNSS 网络 RTK 技术在作业距离和定位速度方面还有待进一步提高。如何增加网络 RTK 的作业距离,缩短系统启动和流动站初始化的时间，是网络 RTK 技术需要解决的问题。而对于网络 RTK 和 PPP 这两种比较重要的 GNSS 高精度实时动态定位技术，寻找到两者相统一的方法，克服两者的缺点，并将其优点结合起来，是当前高精度实时动态定位研究的热点问题之一。

基准站网的使用使得利用网络 RTK 方法可以建立中性大气延迟误差、电离层延迟误差、卫星轨道误差等误差的高精度区域改正模型。由于区域内的中性大气延迟误差、电离层延迟误差、单颗卫星的轨道误差等系统误差随基准站间距离的增加而相关性降低，基准站载波相位观测值整周模糊度的解算和区域误差改正模型的精度势必受基准站间距的影响，这也就限制了网络 RTK 的有效作业距离。如果在 240 km×240 km 的范围内使用网络 RTK 系统，按 40 km 的站间距离布设基准站需要 36 个，若按 100 km 的站间距布设则只需要 9 个基准站，如图 1.1 所示。如果按照 200 km 的站间距进行布站，只需 4～5 个站就可以完成对该区域的覆盖。因此，在不以损失定位精度为代价的情况下，使用长距离网络 RTK 算法，增加网络 RTK 的有效作业距离，可以成倍地降低网络 RTK 系统的建设和维护成本，而且可以解决建设基准站比较困难地方的网络 RTK 系统建设问题。

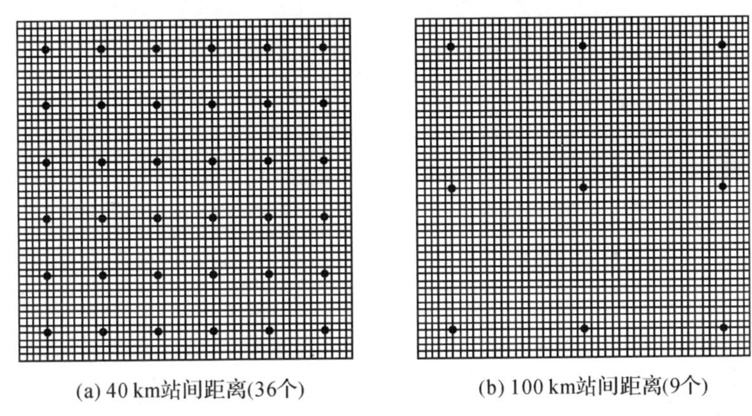
(a) 40 km站间距离(36个)　　(b) 100 km站间距离(9个)

图 1.1　相同范围内的不同站间距离的 CORS 网布设

单历元网络 RTK 的方法，需要单历元确定基准站整周模糊度，网络 RTK 基准站网在单历元即可启动，新升起卫星的整周模糊度确定也只需一个历元，不需要考虑基准卫星变化的问题。而且还可以提供适用于单历元网络 RTK 用户的实时高精度区域电离层延迟误差及中性大气延迟误差等误差改正，流动站用户也仅需利用单历元数据即可实现厘米级定位，无须长时间观测数据进行初始化。单历元的网络 RTK 方法可以将系统启动和流动站初始化的时间缩短到最小，即单历元就可完成系统启动和流动站整周模糊度解算工作。

网络 RTK 方法和 PPP 方法作为目前高精度实时动态定位的重要手段，有其各自的优缺点。

1. 网络 RTK 的优缺点

网络 RTK 技术利用基准站网的观测值建立区域误差改正模型，区域内任意位置的误差改正数都可根据误差模型计算出来，网络 RTK 流动站用户的观测值经过误差改正之后可用于高精度动态定位。流动站用户不需要自己建立误差模型或使用国际 GNSS 服务（IGS）的精密星历和卫星钟差对各种误差进行改正或估计，流动站定位解算的未知参数较少，仅包括位置参数和整周模糊度参数。网络 RTK 技术进行实时定位的定位精度高，能够实时得到厘米级的定位精度，并且流动站用户的初始化时间短，甚至可以实现流动站的单历元厘米级定位。同常规的单站 RTK 技术相比，网络 RTK 技术覆盖范围更大、作业成本较低，并且提高了流动站定位精度和减少了流动站用户定位的初始化时间。

目前网络 RTK 中一般都使用传统的双差方法进行流动站双差观测值误差改正，定位精度与作业距离密切相关，需要从基准站网中选择一个基准站作为主参考站进行差分观测值的组成，如果流动站在基准站网中不断地移动，有时还需要重新选择主参考站。整个基准站网按照双差模式进行双差误差改正，各子网独立进行双差模糊度的解算和双差误差改正数的计算，因此，不同子网的改正数是不一致的，或者说整个 CORS 网同一时刻的误差改正数不是基于统一模型得到的，可能造成不同子网流动站定位结果间相对精度降低，而且基准站网与流动站用户间的数据传输要消耗一些时间。

此外，组成一个双差观测值需要四个非差观测值，只要丢失一个非差观测值，其他三个就无法使用，数据利用率较低。一些数据质量好的观测值会因为与之配对的数据出了问题而无法使用。再者，双差观测值间的相关性给数据处理增加了难度，若不顾及双差相关性，仍将其视为独立观测值，就会损害理论上的严密性。组成双差观测组合时，需要选择一观测时间较长、高度角合适的基准卫星，当基准卫星下落到低高度角或是在视场中消失时，就会出现变换基准卫星的问题。

2. PPP 的优缺点

PPP 有许多优点，例如可使用的观测值多、保留了较完整的观测信息、能直接得到测站坐标、不同测站的观测值不相关、测站与测站之间无距离限制等，但其不利之处是未知参数较多，无法采用差分方法消除误差的影响，需要利用完善的误差改正模型加以改正。另外，开始作业时初始定位收敛时间长，必须有高精度的 IGS 卫星轨道和卫星钟差产品，还需估计天顶对流层延迟误差等参数。初始定位需要较长的观测时间，是因为伪距观测值的精度不高（主要是所利用的 M-W 组合观测值受噪声影响比较大），窄巷相位组合观测值的波长较短导致模糊度难以确定。并且在实时定位方面 PPP 的精度不如网络 RTK，特别是在高程方向定位精度较差。

如何克服双差网络 RTK 与 PPP 的缺点，使两者对作业者来说能够很好地统一起来,充分发挥出各自的优点,一直是高精度实时动态定位研究者关心的问题。使用观测值的非差误差改正数进行网络 RTK 定位,既可以充分利用基准站网进行区域内流动站用户的高精度误差改正,又可以在基准站网覆盖区域内利用观测值的非差误差改正数进行 PPP,该问题就可迎刃而解。如果在网络 RTK 中使用非差误差改正数,则流动站用户不需要选择主参考站来进行双差观测值的组合,所有基准站都一样,没有主辅之分;一个基准站上一颗卫星的误差改正数包含了所有的误差改正信息;各基准站的误差改正数是独立的,可以方便地通过网络进行播发和流动站接收;利用非差误差改正数可以使网络 RTK 的作业方式更加灵活、兼容性更好,在用户端可以很方便地与 PPP 方法统一。

基于非差误差改正数的长距离单历元网络 RTK 算法,可以实现长距离网络 RTK 定位,扩大网络 RTK 系统的作业距离,降低系统建设和维护的成本;可以在单历元启动系统和实现流动站厘米级定位,使系统的初始化时间和流动站定位时间缩小到最短;能够综合网络 RTK 和 PPP 的优点,克服两者的缺点,实现这两种高精度实时动态定位技术的统一;可以促进网络 RTK 技术和 PPP 技术的进一步发展和应用。采用非差误差改正数进行网络 RTK 定位,而不使用双差定位模式,可以在理论上实现不同 CORS 网之间的融合,提高资源利用率。因此,基于非差误差改正数的长距离单历元网络 RTK 算法的研究具有十分重要的理论意义和现实意义。

§1.2 GNSS 高精度实时动态定位

由于 GNSS 卫星和接收机的硬件问题及接收环境问题,卫星信号的生成和接收会产生误差,同时,卫星信号经过电离层、对流层等传播介质的时候会发生折射、反射,使信号中包含误差,这些误差的存在会大大减低 GNSS 定位的精度。消除或削弱 GNSS 定位中各种误差影响是高精度实时动态定位需要完成的一项非常重要的工作。目前,RTK 技术和 PPP 技术正是通过各种误差的确定和消除来实现 GNSS 高精度实时动态定位的。

1.2.1 常规 RTK 技术

常规 RTK 进行定位作业时,以一个已知坐标的测站为基准站,流动站用户在基准站周围作业,两站相距一般不超过 15 km。由于卫星轨道误差、电离层延迟误差和中性大气延迟误差等具有空间相关性,因此,基准站和流动站的同步观测值受到相近的卫星轨道、电离层延迟和中性大气延迟等误差影响。将基准站和流动站的同步观测数据做双差组合后,消除了接收机钟和卫星钟误差,而流动站的卫星轨道误差、电离层延迟误差和中性大气延迟误差被大大削弱,从而获得高精度的双差观测值,可进行流动站双差整周模糊度的解算,得到厘米级的定位结果。常规 RTK 定位系统当中的硬件除了基准站和流动站的 GNSS 信号接收设备外,还需要有数据通信设备。基准站实时地将基准站坐标和载波相位观测数据通过数据通信链路播发给在周围工作的流动站用户。流动站用户使用动态双差定位的作业模式计算出流动站坐标。常规 RTK 系统如图 1.2 所示。

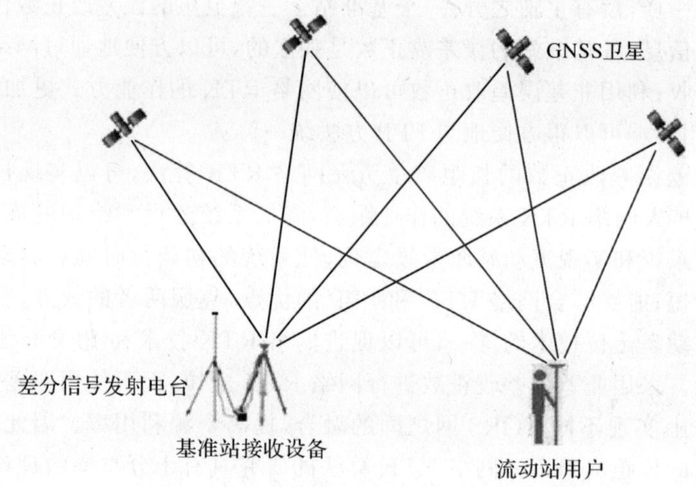

图 1.2　常规 RTK 系统示意

1.2.2　网络 RTK 技术

GNSS 网络 RTK 又称为多基准站 RTK,是在一定的区域内建立多个(一般为三个或三个以上)GNSS 基准站,对该地区构成网状覆盖,并以这些基准站为基准,计算和发播改正信息,对该地区内的流动站用户进行实时误差改正的定位方式(刘经南 等,2000)。网络 RTK 技术包括了为覆盖范围内的流动站用户实时提供高精度 GNSS 定位结果的一系列技术,主要是连续运行 GNSS 基准站网络、计算机网络通信、无线通信、GNSS 高精度定位和实时定位技术等。

网络 RTK 系统由基准站网、数据处理中心、数据通信链路和用户部分组成。基准站网一般由多个基准站组成,基准站上大部分情况下都配备双频 GNSS 接收机、数据通信设备和气象观测仪器等。可以利用高精度的 GNSS 数据处理软件采用静态定位方法获得基准站的精确坐标。基准站上的高质量接收机全天候不断地进行连续观测,然后使用数据通信设备实时地将观测数据传送给数据处理中心,数据处理中心首先对各基准站的数据进行处理,待基准站整周模糊度确定之后,实时建立区域误差改正模型。网络 RTK 系统的通信方式可分为单向数据通信和双向数据通信。基准站网与数据处理中心之间的数据通信可采用数字数据网(DDN)

或无线通信等方法进行。流动站用户和数据处理中心之间的数据通信则可通过GSM、GPRS、CDMA等方式进行。网络RTK系统如图1.3所示。

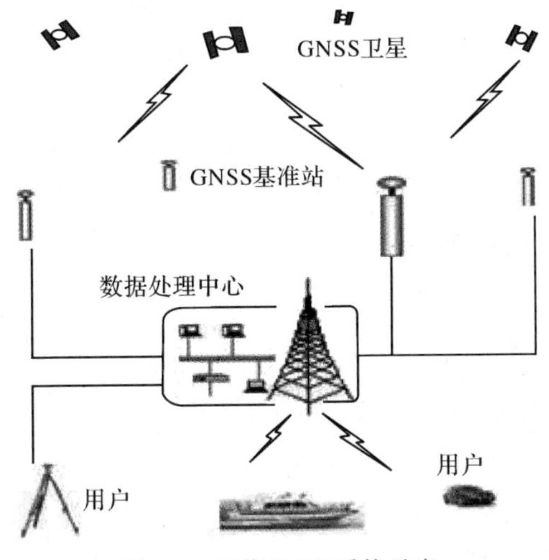

图1.3 网络RTK系统示意

1.2.3 PPP技术

通常GNSS单点定位指利用伪距观测值及广播星历的卫星轨道参数和相关改正对单台接收机进行定位。由于伪距的观测噪声、广播星历的轨道精度、卫星钟差改正精度的影响,这种单点定位精度较低,仅能满足一般的导航定位需求。PPP技术是在一般单点定位的思想上发展起来的一种高精度定位方式,主要是利用精密卫星轨道、卫星钟差及双频测码伪距和载波相位观测值,估计出一些系统误差后得到精密定位结果。根据卫星轨道和卫星钟差的精度及观测数据质量等不同,定位精度由亚米到几个厘米不等。

PPP技术在低轨卫星定轨、大范围的科学考察、国土资源调查等方面具有广泛的应用。PPP如果采用最小二乘估计方法只适合于静态定位方式,不能很好地描述系统的动态特征。卡尔曼滤波估计方法引入了状态空间的概念,借助系统的状态转移方程,根据前一时刻的状态估值和当前时刻的观测值递推估计新的状态估值,更加准确地反映了系统的运动状态,更适合于PPP的参数估计。与双差定位模式相比,PPP的可用观测值多,保留了较多的观测信息,不同测站的观测值不相关,测站之间无距离限制。由于无法采用差分定位的方式消除或削弱观测误差影响,因此,必须利用完善的误差改正模型对各种误差加以改正。

PPP中,如果没有周跳发生,则模糊度参数是不变的,而卫星钟差、接收机钟差、电离层延迟误差、中性大气延迟误差等是随时间变化的。在PPP的数据处理中，主要考虑中性大气延迟和钟差参数的随机模型，电离层延迟误差可以使用双频数据的无电离层组合消除或削弱。中性大气延迟误差利用模型进行改正后，还存在一部分残差无法消除。这些残差可以是一系列时间相关的随机过程的叠加，可以采用一阶高斯-马尔可夫过程、随机游走过程等模型进行参数估计，也可采用分段线性估计的方法进行参数估计。在双差定位中，可采用双差组合的方法消除卫星钟差和接收机钟差的影响，而在 PPP 中，钟差是要作为未知参数来进行处理或估计的。因为 PPP 不采用双差组合的方法对各种观测误差进行消除或削弱，只能利用模型改正和参数估计的方法消除或削弱观测误差的影响。所以，PPP 观测值周跳的探测和修复、野值点的剔除等都比双差定位更加困难。

1.2.4 两种技术的不同点

在 GNSS 高精度实时动态定位方法中，RTK 技术是采用双差的定位模式，可以消除卫星钟差和接收机钟差，消除绝大部分的中性大气延迟误差、电离层延迟误差、卫星轨道误差。PPP 技术通过模型改正和参数估计的方法进行误差处理。因此，二者的定位模式是不相同的，RTK 技术与 PPP 技术的不同点有：

(1)作业方面不同。RTK 用户定位需要的初始化时间短，只需几分钟甚至单历元即可完成，PPP 的初始化需要十几分钟或是几十分钟。

(2)观测数据利用率不同。RTK 采用双差模式，数据利用率较低，四个非差观测值才能组成一个双差观测值，保留的观测信息少；PPP 数据利用率高，可以保留更多的观测信息，在某些特殊的应用中，如时间传递就必须采用非差的 PPP 模式来确定接收机的钟差。

(3)观测模型不同。RTK 采用双差定位模式，可利用差分定位的方式消除和削弱观测值中的各种误差影响；PPP 不采用双差定位模式，观测模型比较复杂，除了需考虑参数解算的数学模型外，还需考虑各种更复杂的误差改正模型。

(4)观测值周跳探测与修复的工作量不同。RTK 定位时，一般是利用双差观测值进行周跳的探测与修复，在双差观测值中，大部分误差已经消除或削弱，仅包含观测噪声，因此，其探测与修复周跳比较容易，如果是单历元网络 RTK 定位则不需要进行周跳的探测与修复；而 PPP 只能利用单站数据进行周跳的探测与修复，其测码伪距观测值的质量决定了周跳探测与修复质量的好坏。

(5)定位参数数量不同。RTK 定位当中需要估计的参数较少，经过双差组合后，各种误差的影响已经较小，不需要对各种误差进行估计，待估参数中只有位置参数和整周模糊度参数；PPP 需要估计的参数比较多，除了需估计坐标位置、接收机钟差和模糊度参数外，还需要估计中性大气延迟误差等，并且由于受观测误差残差的影响，PPP 的模糊度确定问题也更加复杂。

综上所述，网络 RTK 技术与 PPP 技术有诸多不同之处，这也使它们的优缺点不同。如果能够很好地将两者统一起来，充分发挥各自的优点，实现优势互补，就可以促进GNSS高精度实时动态定位技术的进一步发展和更广泛的应用。

§1.3　网络RTK的算法

网络RTK算法是网络RTK定位技术的核心部分，其他设施和技术是实现网络RTK定位算法的工具和手段。网络RTK算法的关键问题有两个：一是基准站的观测值误差即测站电离层延迟误差及中性大气延迟误差等误差的计算，核心是基准站观测值的整周模糊度确定问题；二是流动站的观测误差消除与定位，核心是流动站观测值的整周模糊度解算问题。这两个关键问题可概括为三个方面：一是基准站间整周模糊度的确定；二是利用确定的基准站间整周模糊度进行基准站间的相对误差计算，然后计算与消除流动站的观测误差；三是流动站观测值整周模糊度的解算（高星伟，2002）。

1.3.1　网络RTK基准站间双差整周模糊度的确定

由于网络RTK的基准站一般相距几十千米或上百千米，所以简单通过双差组合的方法是很难得到正确的基准站载波相位整周模糊度。这主要是因为电离层延迟误差、中性大气延迟误差以及卫星轨道误差等误差对双差载波相位观测值的影响大于载波相位波长的一半。即使在基准站坐标精确已知的情况下，要确定基准站间的整周模糊度也比较困难。因此，国内外很多研究者对网络RTK基准站间整周模糊度的确定方法进行了研究。

Han（1997）介绍了一种长距离GPS静态基线整周模糊度解算方法，该方法首先用伪距观测值来确定宽巷整周模糊度，然后确定无电离层组合模糊度，最后确定原始载波相位观测值的整周模糊度。但该方法一般需要几十分钟才能确定出宽巷整周模糊度，而确定单个频率载波相位观测值的整周模糊度所需要的时间更长。

Sun等（1999）提出了一种序贯最小二乘平差算法，该方法的主要思想是首先用序贯最小二乘平差来解算宽巷整周模糊度，然后确定无电离层组合模糊度，最后确定原始载波相位的整周模糊度。但该方法需要约一小时的观测数据才能最终确定基准站的整周模糊度。

Hern等（2000）认为自由电子的密度可以描述为一个实时随机游走过程，如在太阳固定的参考框架中来估计时，自由电子的密度基本上是一个固定的值（一天之中在平均纬度和太阳最大活动条件下，仅为正负10％的变化），实时估计出电离层的层析模型后，用模型改正观测值。确定基准站网整周模糊度的过程也是首先确定宽巷整周模糊度，然后固定L1、L2载波相位的双差整周模糊度。

高星伟（2002）提出了一种网络RTK基准站间基线单历元整周模糊度搜索算

法,其主要思想为不解算方程组,直接利用基准站坐标已知、模糊度为整数和双频整周模糊度之间的线性关系这三个条件对双差整周模糊度进行搜索。该方法能够克服单历元情况下,基准站间整周模糊度解算的未知数个数多于方程个数、方程组秩亏,无法解算的问题。因为是在单历元进行基准站的整周模糊度搜索,所以不受周跳和电离层突变的影响。

Dai 等(2003)和 Chen 等(2004)提出了一种利用系统初始化之前历元的大气延迟误差来实时确定基准站整周模糊度的方法。这种方法不足之处在于需要利用前面历元模糊度已经固定的条件。

唐卫明(2006)提出了使用三步法确定网络 RTK 基准站间的双差整周模糊度,该方法首先利用 M-W 组合观测值计算双差宽巷模糊度,并将双差宽巷模糊度确定下来。然后利用固定的双差宽巷模糊度,以及宽巷模糊度与窄巷模糊度之间的同奇同偶特性,进行双差窄巷模糊度的确定。最后利用确定的双差宽巷模糊度和双差窄巷模糊度计算出载波相位模糊度,并使用模糊度间的线性关系进行模糊度检验,可准确确定网络 RTK 基准站间的双差整周模糊度。

周乐韬等(2007)使用卡尔曼滤波算法进行网络 RTK 基准站间整周模糊度的动态解算。该方法使用 C/A 码伪距观测值与载波相位观测值的无电离层组合解算宽巷模糊度,利用多路径效应的周期性削弱 C/A 码伪距观测值的多路径效应。在宽巷模糊度得到固定后,利用卡尔曼滤波对 L1 载波相位的双差整周模糊度和对流层延迟误差进行估计,并使用整周模糊度降相关搜索算法,动态确定载波相位的整周模糊度。

1.3.2 流动站观测误差的计算和消除

网络 RTK 基准站间的整周模糊度确定之后,就可以利用固定了的整周模糊度进行高精度基准站间相对误差的计算,主要是双差电离层延迟误差、双差中性大气延迟误差及双差卫星轨道误差,其计算的精度可以达到厘米级或更高。有了高精度的基准站间相对误差,就可以进行流动站观测值双差误差的计算,并对流动站的双差观测值进行误差改正,这也是网络 RTK 使用基准站网的主要目的。经过误差改正之后的流动站观测值,消除或大大削弱了各种误差的影响,然后才能够进行整周模糊度的解算,进而得到高精度的定位结果。因此,流动站双差观测值的误差计算和改正是网络 RTK 算法中一个重要的组成部分。

目前,流动站误差改正的方法主要有两类:一是将电离层延迟误差、中性大气延迟误差、卫星轨道误差等误差分离开,分别进行误差模型建立,然后根据流动站的位置内插出相应的误差影响;二是把电离层延迟误差、中性大气延迟误差、卫星轨道误差等误差放在一起,不进行误差分离,直接根据流动站相对于几个基准站的位置内插出各种误差的综合影响。

利用网络 RTK 的基准站网，改正的主要是流动站用户处的空间相关误差，也就是电离层延迟误差、以对流层延迟为主的中性大气延迟误差和卫星轨道误差等。Han(1997)详细地研究了利用多基准站消除各种空间相关误差的方法。Wanniger(1995)利用拥有三个以上基准站的 CORS 网提出了严格的双频载波相位观测值的差分电离层模型；赵晓峰(2003)在利用伪距观测值建立格网电离层的基础上，阐述了利用载波相位双差观测值建立区域性电离层格网模型的思想和方法；还有众多学者利用 CORS 网对电离层延迟进行了研究，精化了电离层延迟的区域模型。Macdonald(2001)利用 CORS 网建立了对流层水汽三维分层模型；Zhang(2001)提出了基于 CORS 网的对流层网络平差法；Ahn(2005)利用 CORS 网估计水汽参数并建立大范围的综合对流层延迟误差改正模型，能够有效地削弱长基线对流层延迟误差的影响。使用广播星历可以保证网络 RTK 定位的实时性，在使用广播星历的情况下，Han(1997)提出了区域模型对流动站卫星轨道误差进行改正；高星伟等(2005)对网络 RTK 的卫星轨道误差消除方法进行了深入的研究。

高星伟(2002)提出了综合误差内插法。综合误差内插法在基准站计算改正信息时，不对电离层延迟、中性大气延迟、卫星轨道等误差进行区分，也不将各基准站所得到的改正信息都发给用户，而是由数据处理中心选择、计算和播发用户的综合误差改正信息；唐卫明(2006)提出了改进的综合误差内插法，改进综合误差内插法是将综合误差分为与频率相关的和与频率无关的两部分，然后进行流动站误差计算，并通过简单的转换关系计算出所有频率的误差改正数。

1.3.3 流动站模糊度的动态确定

当流动站的观测误差得到改正之后，网络 RTK 的算法仅剩下流动站整周模糊度的动态解算。由于流动站的观测误差得到了消除或大大削弱，此时网络 RTK 流动站整周模糊度的动态解算与常规 RTK 中的整周模糊度动态解算基本是一样的。整周模糊度动态解算方法主要有以下几种。

Hatch(1982)和 Hatch 等(1994)提出了双频 P 码伪距法是使用双频载波相位和 P 码伪距观测值组成宽巷、窄巷组合观测值，扩大组合观测值的波长，然后解算出组合观测值的整周模糊度。

Hatch(1990)提出了最小二乘模糊度搜索法，其基本思想是在所有的双差整周模糊度中，只要确定三个双差整周模糊度(即基本模糊度组)，其他的双差整周模糊度即可唯一确定。因此，采用基本模糊度组的思想进行整周模糊度搜索，有助于减少整周模糊度搜索空间中整周模糊度组合的数量，提高了整周模糊度的搜索效率。

陈小明(1997)提出了附加模糊度参数的卡尔曼滤波法，该方法将模糊度参数考虑为滤波器的状态，使用初始历元的双差模糊度实数解估值和协方差矩阵作为初值,然后通过卡尔曼滤波器,逐渐解算出正确的模糊度实数解。

高星伟等(2002)提出了一种单历元流动站整周模糊度搜索法,其基本思想是不求解方程组,直接利用模糊度为整数和双频模糊度之间存在的线性关系进行载波相位模糊度的搜索。

唐卫明(2006)提出了流动站的分步消元整周模糊度确定方法,该方法的基本思想是先确定双差宽巷整周模糊度,然后确定双差 L1、L2 载波相位整周模糊度,同时使用消元法消去位置坐标未知数,仅留下双差整周模糊度未知数。

1.3.4 利用基准站网的 PPP 算法

PPP 相对于网络 RTK 存在初始化时间长、实时快速定位的精度较差、模糊度解算困难等问题。为了克服 PPP 的这些不足之处,许多精密单点定位的研究学者进行了深入地研究,提出了一些克服 PPP 缺陷的方法。这些方法的基本思想大多是基于基准站网进行 PPP 的非差观测误差改正,首先利用基准站网计算出 PPP 用户非差观测值的误差改正数,然后利用这些改正数进行 PPP 用户的观测误差改正,主要是对大气延迟、卫星硬件等误差进行消除和削弱。进而可以有效实现 PPP 的模糊度解算,以达到提高 PPP 实时定位精度和缩短初始化时间的目的。

Wübbena 等(2005)提出了利用基准站网可以克服 PPP 在模糊度固定、初始化时间和实时快速定位精度等方面缺陷的思想,利用数秒的观测时间可提供厘米级精度的 PPP 定位结果。基准站网使用 Geo＋＋ GNSMART 软件是基于状态空间模型进行区域误差的模型化,这种误差模型化方法的优点是可以将该方法应用于 PPP 定位模式,能够更好地分离出各种观测误差以改善 PPP 用户定位的精度。基准站网使用基于状态空间的概念进行区域误差模型化,可以为静态或动态 PPP 用户提供厘米级精度的误差改正。由于基准站网的使用,所以 Wübbena 将这种方法称为 PPP-RTK。理论上,该思想可以使用小规模、区域性或全球性的基准站网进行 PPP 用户的观测误差改正。

Ge 等(2008)分析了全球 IGS 跟踪站的观测数据,并发现双差载波相位整周模糊度是由两个测站上的星间单差模糊度组成,因此,不同测站上同一组卫星的星间单差模糊度应具有近似相等的小数部分。所以,可以利用基准站网估计星间单差模糊度的小数部分,即为星间单差硬件延迟,PPP 用户经过星间单差硬件延迟误差改正后可实现 PPP 模糊度的有效固定。Laurichesse(2007)和 Collins(2008)提出的方法是将星间单差模糊度的小数部分通过修正卫星钟差的方式发送给 PPP 用户。

Ge 等(2010)指出网络 RTK 定位和 PPP 的原理是相似的。并提出了一种新的方法将基准站网固定的宽巷和窄巷模糊度转换成非差 L1 和 L2 载波相位观测值的模糊度。基准站根据载波相位模糊度计算出基准站的定位误差,并将这些定位误差改正数播发给用户，然后 PPP 用户可以根据已知的基准站分布和用户当前位置自动选择参考站和计算误差改正数。利用计算出的误差改正数改正用户观测值后，就可以采用 PPP 模式实现快速精密定位，并能够确定 PPP 的模糊度。如果由区域基准站网提供 PPP 用户所需要的轨道和卫星钟差改正数，PPP 用户可以进行精密单点定位，并得到与网络 RTK 相当的定位精度。这种方法已经在 PANDA 软件中实现，能够从不同区域的基准站网和观测时间段传输数据，进行 PPP 用户实时模式或事后模式的精密定位。

Li 等(2011)根据基准站的 PPP 固定解得到准确的基准站非差大气延迟误差，然后播发给 PPP 用户，并计算出 PPP 用户的 L1、L2 载波相位观测值的误差改正数，或是载波相位组合观测值的误差改正数。PPP 用户的大气延迟误差得到改正之后，即可进行 PPP 模糊度的快速解算。PPP 用户可以采用该方法得到 10 cm 左右的定位精度，在区域基准站网内可获得几个厘米的定位精度。

Laurichesse(2011)介绍了 CNES 采用非差模糊度解算进行实时 PPP 精密定位的研究进展，并介绍了使用区域基准站网进行 PPP 用户精密定位的数据处理策略，即对基准站网的非差伪距和载波相位观测值进行组合，利用这些组合观测值，使用精密卫星星历，可以计算出与观测时间同步的卫星钟差，单台用户接收机使用这些钟差改正数可以实现类似 PPP 方法的精密定位。并在用户的 PPP 精密定位中进行了模糊度固定，能够得到厘米级精度的定位结果。该方法可以用来进行实时定位，其核心是基准站载波相位观测值整周模糊度的卡尔曼滤波器，滤波器通过基准站整周模糊度固定生成卫星轨道和卫星钟差产品，利用这些产品用户可以实时地得到与网络 RTK 相当的定位精度。

Carcanague 等(2011)将非差模糊度解算应用于 RTK 定位当中，提出了一种新的流动站用户 RTK 定位和 PPP 定位的无缝连接定位方法。使用 PPP 滤波器估计基准站的非差载波相位观测值模糊度，计算出非差观测值的误差，并将其播发给流动站，能够帮助 RTK 用户(主要是道路上的 RTK 用户)在不同的观测环境下进行定位。这种定位方式能够实现 RTK 定位模式和 PPP 定位模式之间的切换，如果基准站的差分数据不可用，流动站用户则可以使用 PPP 滤波进行定位，双频用户能够实时得到分米级的定位精度，静态情况下单频用户(低成本接收机)可以得到分米级的定位精度。单频用户的 PPP 滤波器也可以使用 EGNOS 的电离层延迟误差改正数或是使用基于测距码的电离层组合观测值。如果基准站接收机的模糊度已经确定，并且可将差分改正信息播发给流动站用户，单频用户使用已知的对流层延迟误差、准确的卫星钟差和卫星轨道误差改正信息，一般可实时地获得分米级的定位精度。

§1.4 本书的研究内容

本书深入介绍了 GNSS 网络 RTK 定位中的基础理论；各类观测误差的影响和处理方法；长距离网络 RTK 基准站和流动站的单历元整周模糊度解算算法；长距离网络 RTK 区域误差非差改正方法，主要是非差误差改正数的计算和流动站的误差改正。本书的内容包括：

(1)对 GNSS 网络 RTK 定位中的基础理论进行了研究和介绍。介绍了网络 RTK 定位中使用的 GNSS 观测值和观测方程；推导了差分定位的数学模型、非差观测方程的线性化、单差和双差观测值的组成及其观测方程的线性化；介绍了网络 RTK 定位中常用的观测值线性组合方法，并分析它们各自的特性。

(2)分析了长距离网络 RTK 定位中的各种误差影响及误差处理方法，给出 GNSS 数据处理中常用的误差计算模型。重点对与距离相关的轨道误差、电离层延迟误差和中性大气延迟误差的特性和处理方法做了研究。

(3)研究了长距离网络 RTK 的基准站整周模糊度单历元解算方法。研究了已有的网络 RTK 基准站间双差整周模糊度解算方法，在基准站间整周模糊度单历元搜索方法的基础上，提出了长距离网络 RTK 基准站整周模糊度的单历元确定方法。首先利用基准站上模糊度间的线性关系解算双差宽巷整周模糊度，然后对双差载波相位整周模糊度进行搜索，同时重新选择基准卫星，以保证载波相位整周模糊度确定的成功率。

(4)深入研究了网络 RTK 区域误差改正方法，重点对网络 RTK 基准站非差误差改正数的计算、流动站非差误差改正数的内插计算及流动站误差改正方法进行了研究。严密地推导了基准站非差误差改正数的计算公式，以及流动站非差误差改正数的内插公式和流动站误差改正过程，并推导了长距离网络 RTK 中伪距观测值的非差误差改正方法。根据色散性误差和非色散性误差的不同特性，研究了非差观测误差的分类处理方法，提出了长距离网络 RTK 的分类误差非差改正方法。

(5)介绍并研究了常用的动态实时整周模糊度解算算法：最小二乘搜索算法、整周模糊度协方差法、单历元整周模糊度搜索方法、分步消元整周模糊度确定方法。学习和借鉴了这些整周模糊度动态解算方法的优点，提出了长距离网络 RTK 流动站整周模糊度单历元解算方法，并对该方法进行了详细介绍。

(6)对基于非差误差改正数的长距离单历元网络 RTK 算法进行了程序实现，并利用 CORS 网的实测数据对这些算法进行了实验。算法实验主要是基于非差误差改正数的长距离单历元网络 RTK 算法综合实验及动态定位实验。

第 2 章　长距离 GNSS 网络 RTK 中的定位理论与方法

本章首先介绍了网络 RTK 定位中使用的 GNSS 观测值和观测方程；然后推导了差分定位的数学模型、单差和双差观测值的组成、非差观测方程的线性化、差分观测方程的线性化及观测方程的解算；最后介绍了网络 RTK 定位中常用的观测值线性组合方法，给出它们的组合标准并分析了它们各自的特性。

§2.1　长距离 GNSS 网络 RTK 中的观测值及观测方程

长距离 GNSS 网络 RTK 进行高精度实时动态定位时，使用的最基本观测数据是 GNSS 测码伪距观测值和载波相位观测值。

2.1.1　测码伪距观测值

测距码观测值是卫星发射的测距码传播到用户接收机的时间延迟乘以光速所得到的距离观测量，它的精度由信号传播时延的量测精度决定，配备非精密钟的用户接收机，所测得的距离含有误差，所以称为测码伪距观测值。伪距观测值按精度可分为精码(P 码或 Y 码)伪距和粗码(C/A 码)伪距，通过对 C/A 码相位进行测量的为 C/A 码伪距，对 P 码相位进行测量的为 P 码伪距。复制码与接收机测距码相关精度为码元宽的 1%。C/A 码码元宽度为 293 m，测量精度约为 2.9 m，而 P 码码元宽度为 29.3 m，测量精度约为 0.29 m，比 C/A 码测量精度高一个数量级，因此，也称 C/A 码为粗码，P 码为精码。

伪距观测值是通过 GNSS 卫星信号传播时延，乘以光速得到的距离观测量。传播时延是由接收机内部跟踪环路通过比较卫星时钟产生的测距码和接收机复制的结构完全一致的测距码在相关系数达到最大值时得到的。由于两个测距码是根据卫星时钟和接收机时钟分别产生的，而接收机时钟和卫星时钟都存在时钟误差，再加上中性大气延迟误差、电离层延迟误差等影响，因此，伪距观测值不等于卫星和接收机之间的几何距离，其关系式即为伪距观测方程

$$P_A^p=\rho_A^p+o_A^p+c\cdot(t_A-t^p)+I_A^p+\mathrm{Trop}_A^p+m_A^p+\varepsilon_P \tag{2.1}$$

式中，P_A^p 为卫星 p 到接收机 A 的伪距观测值；o_A^p 为轨道误差；t_A 为接收机钟差；t^p 为卫星钟差；I_A^p、Trop_A^p 分别为电离层延迟误差和以对流层延迟为主的中性大气延迟误差；c 为真空中的光速，$c=2.997\,924\,58\times10^8$ m/s；m_A^p 为伪距观测值的多路径效应误差；ε_P 为伪距观测噪声；各变量的上标为卫星编号，下标为测站编号；

P、o_A^p、ρ_A^p、I_A^p、Trop_A^p、m_A^p 和 ε_P 以米为单位；t_A 和 t^p 以秒为单位；$\rho_A^p = \|\boldsymbol{X}^p - \boldsymbol{X}_A\|$为卫星发送信号时刻卫星至接收机的几何距离，其中，$\boldsymbol{X}^p$ 是卫星 p 的位置矢量；$\boldsymbol{X}_A$ 是测站 A 的位置矢量；ρ_A^p 可表示为

$$\rho_A^p = \sqrt{(x^p - x_A)^2 + (y^p - y_A)^2 + (z^p - z_A)^2} \tag{2.2}$$

式中，(x^p, y^p, z^p)为发送信号时刻卫星 p 的位置，(x_A, y_A, z_A)为信号接收时刻接收机 A 天线相位中心的位置。只要利用四颗卫星的伪距观测值建立观测方程组，就能解得观测点的三维位置坐标和接收机钟差。如果观测到三颗卫星的伪距观测值，就能确定二维位置(经度、纬度)和用户接收机钟差。

2.1.2　载波相位观测值

载波是可运载调制信号的高频振荡波，载波除了能够很好地传送 GNSS 卫星的测距码和导航电文，还可以作为一种测距信号来使用，这种测距信号就被称为载波相位观测值。载波相位观测值是接收机测量得到的卫星信号的载波相位与同一测量时刻接收机产生的载波相位的差值。虽然载波相位观测量是卫星和接收机天线之间的载波整周数和载波分数周数之和，但 GNSS 接收机不能把一个整周数与另一个整周数区分开，即 GNSS 接收机只能分辨出小于 1 周的小数周数。所以最好的办法是量测小数周数并保持跟踪接收机相位的变化数，因此，初始相位周数即整周模糊度是未知的。利用载波相位作为观测量进行定位，对未知的整周模糊度必须采用某些方法进行估计和解算。载波相位观测方程为

$$\Phi_A^p = \frac{f}{c}\rho_A^p + f\cdot(t_A - t^p) - N_A^p + \frac{f}{c}(o_A^p - I_A^p + \mathrm{Trop}_A^p + m\Phi_A^p) + \varepsilon_\Phi \tag{2.3}$$

或

$$\lambda\cdot\Phi_A^p = \rho_A^p + c\cdot(t_A - t^p) - \lambda\cdot N_A^p + o_A^p - I_A^p + \mathrm{Trop}_A^p + m\Phi_A^p + \varepsilon'_\Phi \tag{2.4}$$

式中，Φ 为载波相位观测值；$m\Phi_A^p$ 是载波相位观测值的多路径效应；$\varepsilon'_\Phi = \lambda\cdot\varepsilon_\Phi$ 是载波相位观测噪声，以米为单位；$\lambda = c/f$ 是载波相位的波长，以米为单位；f 为频率；N 是整周模糊度，以周为单位；其他符号与式(2.1)中含义相同。需要注意的是载波相位观测值的电离层延迟误差与伪距观测值的电离层延迟误差大小相等符号相反。

确定载波相位整周模糊度的数据处理方法称为模糊度解算。对运动中的 GNSS 接收机进行整周模糊度解算的方法也称为模糊度光学传递函数(OTF)解算。仅利用一个历元的观测数据来确定整周模糊度的方法称为单历元模糊度解算法。

§2.2　差分定位的数学模型

2.2.1　站间单差

高精度 GNSS 定位的最有效途径是利用高精度的载波相位观测值，将基本载

波相位观测值直接相减即构成单差观测值，有卫星间求差、接收机(测站)间求差和历元之间求差三种方式，考虑到卫星钟差及轨道误差的影响，可采用站间求单差的方式。

根据单差定义，由式(2.4)知，以米为单位的测站 A、B 间的单差载波相位观测方程为

$$\lambda \cdot \Delta\Phi_{AB}^{p} = \Delta\rho_{AB}^{p} + c \cdot \Delta t_{AB} - \lambda \cdot \Delta N_{AB}^{p} + \Delta o_{AB}^{p} - \Delta I_{AB}^{p} + \Delta \mathrm{Trop}_{AB}^{p} + \Delta m\Phi_{AB}^{p} + \Delta\varepsilon'_{\Phi} \tag{2.5}$$

式中，Δ 为单差算子，且 $\Delta(\cdot)_{AB} = (\cdot)_A - (\cdot)_B$。

站间单差能够消除卫星钟误差的影响，同时对卫星轨道误差、以对流层延迟为主的中性大气延迟误差和电离层延迟误差的影响也可大大削弱。

设测站数(包含基准站和流动站)为 n_i，同步观测 n^j 颗卫星，n_t 表示观测历元数，并取一观测站为固定基准站，则可得

$$\text{单差观测方程总数} = (n_i - 1) n^j n_t \tag{2.6}$$

$$\text{未知参数总数} = (n_i - 1)(3 + n_t + n^j) \tag{2.7}$$

为得到确定的解，根据式(2.6)和式(2.7)，必须满足：$(n_i - 1) n^j n_t \geqslant (n_i - 1)(3 + n_t + n^j)$。而 $(n_i - 1) \geqslant 1$，故可得

$$n_t \geqslant \frac{n^j + 3}{n^j - 1} \tag{2.8}$$

可见，必要的观测历元数只与所观测到的卫星数有关，而与测站数无关。例如，当 $n^j = 4$ 时，可得 $n_t \geqslant 3$，这就是说，在两个或多个观测站上，对同一组卫星至少同步观测 3 个历元，按式(2.5)进行平差计算时，全部未知参数才能够唯一确定。

在上述情况下，应有

$$\text{独立基本观测方程总数} = n_i n^j n_t \tag{2.9}$$

式(2.9)与式(2.6)相比，单差观测方程比非差的独立观测方程减少 $n^j n_t$ 个。例如，在两个测站于 3 个历元同步观测 4 颗卫星的情况下，按式(2.9)可得独立观测方程总数为 24 个，而单差观测方程数为 12 个，比独立观测方程减少 12 个。

2.2.2　星间单差

为了消除测站的接收机钟差，可以采用卫星间求差的方式。由式(2.4)可知，以米为单位的星间单差观测方程为

$$\lambda \cdot \Delta\Phi_{A}^{pq} = \Delta\rho_{A}^{pq} - c \cdot \Delta t^{pq} - \lambda \cdot \Delta N_{A}^{pq} + \Delta o_{A}^{pq} - \Delta I_{A}^{pq} + \Delta \mathrm{Trop}_{A}^{pq} + \Delta m^{\Phi}{}_{A}^{pq} + \Delta\varepsilon'_{\Phi} \tag{2.10}$$

式中，Δ 为单差算子，且 $\Delta(\cdot)^{pq} = (\cdot)^{p} - (\cdot)^{q}$。

星间单差能够消除接收机钟差的影响。取一颗卫星为固定的基准卫星，则可得

$$单差观测方程总数 = n_i(n^j-1)n_t \tag{2.11}$$

$$未知参数总数 = (n^j-1)(3+n_t+n_i) \tag{2.12}$$

为得到确定的解，根据式（2.11）和式（2.12），必须满足：$(n^j-1)n_in_t \geqslant (n^j-1)(3+n_t+n_i)$。而 $(n^j-1)\geqslant 1$，故可得

$$n_t \geqslant \frac{n_i+3}{n_i-1} \tag{2.13}$$

可见，必要的观测历元数只与测站数有关，而与所测卫星数无关。上述单差模型的主要优点是消除了接收机钟差和接收机硬件误差的影响。

在上述情况下，应有

$$独立基本观测方程总数 = n_in^jn_t \tag{2.14}$$

与式(2.11)相比可知，星间单差观测方程比独立观测方程减少 n_in_t 个。

2.2.3　站星双差

在单差观测值之间再求差即可生成双差观测值，有三种不同的双差组合方法，即接收机(测站)与卫星间求差、接收机(测站)与历元间求差以及卫星与历元间求差，常用的是站星间求差。由单差载波相位观测方程及双差的定义，可得测站 A、B 间卫星 p、q 的双差载波相位观测方程为

$$\lambda\cdot\Delta\nabla\Phi_{AB}^{pq} = \Delta\nabla\rho_{AB}^{pq} - \lambda\cdot\Delta\nabla N_{AB}^{pq} + \Delta\nabla o_{AB}^{pq} - \Delta\nabla I_{AB}^{pq} + \Delta\nabla \mathrm{Trop}_{AB}^{pq} + \Delta\nabla m^{\Phi}{}_{AB}^{pq} + \Delta\nabla\varepsilon'_{\Phi} \tag{2.15}$$

式中，$\Delta\nabla$ 为双差因子，$\Delta\nabla(\cdot)_{AB}^{pq} = \Delta(\cdot)_{AB}^{p} - \Delta(\cdot)_{AB}^{q}$。

双差模型能够消除卫星钟差和接收机钟差参数，大大削弱其他观测误差的影响。式(2.15)中除含有与测站 A、B 有关的基线向量参数外，还包含有整周模糊度参数 $\Delta\nabla N$。为了方便地构成双差载波相位观测方程，可取一观测站为基准站，同时取一观测卫星为基准卫星，由此可得

$$双差观测方程总数 = (n_i-1)(n^j-1)n_t \tag{2.16}$$

$$未知参数个数 = 3(n_i-1)+(n_i-1)(n^j-1) \tag{2.17}$$

式(2.17)中第一项为测站的坐标未知数，第二项为在双差模型中出现的整周模糊度参数。

为得到确定的解，根据式(2.16)和式(2.17)，必须满足：$(n_i-1)(n^j-1)n_t \geqslant 3(n_i-1)+(n_i-1)(n^j-1)$。而 $(n_i-1)\geqslant 1$、$(n^j-1)\geqslant 4$，故可得

$$n_t \geqslant \frac{n^j+2}{n^j-1} \tag{2.18}$$

可见，必要的观测历元只与同步观测的卫星数有关，与测站数无关。站星双差载波相位观测方程的主要优点是消除了卫星钟差和接收机钟差的影响，当 A、B 两站相距不太远，测站周围的观测环境相似时，双差组合还可基本消除大气延迟误

差及卫星轨道误差的影响。同时,双差组合保留了双差模糊度的整数特性。

与单差类似,双差组合将使观测方程数进一步减少。在上述条件下,由式(2.14)和式(2.16),可得

$$\text{双差观测方程减少数} = (n_i + n^j - 1)n_t \tag{2.19}$$

由式(2.6)和式(2.16),可得

$$\text{双差观测方程减少数} = (n_i - 1)n_t \tag{2.20}$$

例如当 $n_i=2$、$n^j=4$、$n_t=2$ 时,可得独立观测方程总数为 16,双差观测方程数为 6,双差观测方程比独立观测方程减少了 10 个,比单差观测方程减少了 2 个。

根据以上介绍的载波相位差分定位的数学模型,如果要解算模型中的位置参数和模糊度参数就需要多个历元的观测数据,单历元解算的方程组是秩亏的。若要进行位置参数和模糊度参数的单历元解算,必须引入伪距观测值,而伪距观测值的精度较低,所以单历元整周模糊度解算比较困难。因此,网络 RTK 流动站单历元整周模糊度的解算是单历元网络 RTK 定位需要解决的难题之一。

§2.3 观测方程的线性化

2.3.1 非差测码伪距观测方程线性化

若取符号

$$\boldsymbol{\rho}^p = \boldsymbol{X}^p = [x^p \quad y^p \quad z^p]^{\mathrm{T}} \tag{2.21}$$

表示卫星 p 在协议地球坐标系中的瞬时空间直角坐标向量。

$$\boldsymbol{\rho}_A = \boldsymbol{X}_A = [x_A \quad y_A \quad z_A]^{\mathrm{T}} \tag{2.22}$$

表示观测站 A 在同一坐标系中的空间直角坐标向量,可得观测站至卫星的瞬时距离

$$\rho_A^p = |\boldsymbol{\rho}^p - \boldsymbol{\rho}_A| = [(x^p - x_A)^2 + (y^p - y_A)^2 + (z^p - z_A)^2]^{\frac{1}{2}} \tag{2.23}$$

设 $\boldsymbol{X}_0^p$ 为卫星 p 的坐标近似值向量;$\boldsymbol{X}_{A0}$ 为观测站 A 的坐标近似值向量;$\delta\boldsymbol{X}^p = [\delta x^p \quad \delta y^p \quad \delta z^p]^{\mathrm{T}}$ 为卫星坐标的改正数向量;$\delta\boldsymbol{X}_A = [\delta x_A \quad \delta y_A \quad \delta z_A]^{\mathrm{T}}$ 为观测站 A 坐标的改正数向量,同时观测站 A 至卫星 p 的方向余弦为

$$\left.\begin{aligned}
\frac{\partial \rho_A^p}{\partial x^p} &= \frac{1}{\rho_{A0}^p}(x_0^p - x_{A0}) = l_A^p \\
\frac{\partial \rho_A^p}{\partial y^p} &= \frac{1}{\rho_{A0}^p}(y_0^p - y_{A0}) = m_A^p \\
\frac{\partial \rho_A^p}{\partial z^p} &= \frac{1}{\rho_{A0}^p}(z_0^p - z_{A0}) = n_A^p
\end{aligned}\right\} \tag{2.24}$$

而

$$\left.\begin{aligned}\frac{\partial \rho_A^p}{\partial x_A}&=-l_A^p\\ \frac{\partial \rho_A^p}{\partial y_A}&=-m_A^p\\ \frac{\partial \rho_A^p}{\partial z_A}&=-n_A^p\end{aligned}\right\}\tag{2.25}$$

式中

$$\rho_{A0}^p=[(x_0^p-x_{A0})^2+(y_0^p-y_{A0})^2+(z_0^p-z_{A0})^2]^{\frac{1}{2}}\tag{2.26}$$

在取一阶项的情况下,式(2.23)可线性化为

$$\rho_A^p=\rho_{A0}^p+[l_A^p \quad m_A^p \quad n_A^p]\cdot(\partial \boldsymbol{X}^p-\partial \boldsymbol{X}_A)\tag{2.27}$$

则式(2.1)可写成

$$P_A^p=\rho_{A0}^p+[l_A^p \quad m_A^p \quad n_A^p]\cdot(\partial \boldsymbol{X}^p-\partial \boldsymbol{X}_A)+c\cdot(t_A-t^p)+I_A^p+\mathrm{Trop}_A^p+m_A^p+\varepsilon_P\tag{2.28}$$

在 GNSS 定位的数据处理中,如果把由导航电文所获得的卫星坐标作为已知值,即 $\delta \boldsymbol{X}^p=0$,则式(2.28)可简化为

$$P_A^p=\rho_{A0}^p-[l_A^p \quad m_A^p \quad n_A^p]\cdot\begin{bmatrix}\partial x_A\\ \partial y_A\\ \partial z_A\end{bmatrix}+c\cdot(t_A-t^p)+I_A^p+\mathrm{Trop}_A^p+m_A^p+\varepsilon_P\tag{2.29}$$

式(2.29)是测码伪距观测方程的线性化形式,它在 GNSS 定位中有着广泛的应用。在网络 RTK 中可使用该式计算流动站的初始坐标。

2.3.2 非差载波相位观测方程的线性化

将式(2.27)代入式(2.3),则可得载波相位观测方程的线性化形式

$$\begin{aligned}\Phi_A^p=&\frac{f}{c}\rho_{A0}^p+\frac{f}{c}[l_A^p \quad m_A^p \quad n_A^p]\cdot(\partial \boldsymbol{X}^p-\partial \boldsymbol{X}_A)+f\cdot(t^p-t_A)-\\ &N_A^p+\frac{f}{c}(\mathrm{Trop}_A^p-I_A^p+m^{\Phi_A^p})+\varepsilon_\Phi\end{aligned}\tag{2.30}$$

同理,载波相位观测方程的线性化形式也可表示为

$$\begin{aligned}\lambda\cdot\Phi_A^p=&\rho_{A0}^p+[l_A^p \quad m_A^p \quad n_A^p]\cdot(\partial \boldsymbol{X}^p-\partial \boldsymbol{X}_A)+c\cdot(t^p-t_A)-\\ &\lambda\cdot N_A^p+\mathrm{Trop}_A^p-I_A^p+m^{\Phi_A^p}+\varepsilon'_\Phi\end{aligned}\tag{2.31}$$

在已知卫星瞬时位置坐标的情况下,式(2.30)和式(2.31)可分别表示为

$$\Phi_A^p = \frac{f}{c}\rho_{A0}^p - \frac{f}{c}\begin{bmatrix} l_A^p & m_A^p & n_A^p \end{bmatrix} \cdot \begin{bmatrix} \partial x_A \\ \partial y_A \\ \partial z_A \end{bmatrix} + f \cdot (t^p - t_A) - N_A^p + \frac{f}{c}(\mathrm{Trop}_A^p - I_A^p + m^{\Phi_A^p}) + \varepsilon_\Phi \tag{2.32}$$

$$\lambda \cdot \Phi_A^p = \rho_{A0}^p - \begin{bmatrix} l_A^p & m_A^p & n_A^p \end{bmatrix} \cdot \begin{bmatrix} \partial x_A \\ \partial y_A \\ \partial z_A \end{bmatrix} + c \cdot (t^p - t_A) - \lambda \cdot N_A^p + \mathrm{Trop}_A^p - I_A^p + m^{\Phi_A^p} + \varepsilon'_\Phi \tag{2.33}$$

2.3.3　星间单差观测方程线性化

设测站 A 上观测了卫星 p、q，利用式(2.10)得

$$\lambda \cdot \Delta\Phi_A^{pq} = \Delta\rho_A^{pq} - c \cdot \Delta t^{pq} - \lambda \cdot \Delta N_A^{pq} + \Delta o_A^{pq} - \Delta I_A^{pq} + \Delta \mathrm{Trop}_A^{pq} + \Delta m^{\Phi_A^{pq}} + \Delta\varepsilon'_\Phi \tag{2.34}$$

如果式(2.34)中的卫星钟差、电离层延迟误差、以对流层延迟为主的中性大气延迟误差得到改正，忽略多路效应误差及观测噪声，则式(2.34)可表示为

$$\Delta\Phi_A^{pq} = \frac{f}{c}(\rho_A^p - \rho_A^q) - \Delta N_A^{pq} \tag{2.35}$$

式(2.35)为非线性形式，设在近似流动站天线位置(x_{A0}, y_{A0}, z_{A0})处展开，相应的改正数为$(\partial x_A, \partial y_A, \partial z_A)$，并设

$$\Delta\widetilde{\Phi}_A^{pq} = \frac{f}{c}(\rho_{A0}^p - \rho_{A0}^q) - \Delta N_A^{pq} \tag{2.36}$$

式中

$$\left.\begin{aligned} \rho_{A0}^p &= [(x^p - x_{A0})^2 + (y^p - y_{A0})^2 + (z^p - z_{A0})^2]^{1/2} \\ \rho_{A0}^q &= [(x^q - x_{A0})^2 + (y^q - y_{A0})^2 + (z^q - z_{A0})^2]^{1/2} \end{aligned}\right\} \tag{2.37}$$

则得线性化的星间单差观测方程为

$$\Delta\Phi_A^{pq} = \Delta\nabla\widetilde{\Phi}_A^{pq} + \frac{f}{c}(l_A^p - l_A^q)\partial x_A + \frac{f}{c}(m_A^p - m_A^q)\partial y_A + \frac{f}{c}(n_A^p - n_A^q)\partial z_A \tag{2.38}$$

即

$$\Delta\Phi_A^{pq} = \frac{f}{c}\begin{bmatrix}(l_A^p - l_A^q) & (m_A^p - m_A^q) & (n_A^p - n_A^q)\end{bmatrix} \cdot \begin{bmatrix} \partial x_A \\ \partial y_A \\ \partial z_A \end{bmatrix} + \frac{f}{c}[\rho_{A0}^p - \rho_{A0}^q] - \Delta N_A^{pq} \tag{2.39}$$

式中

$$\left.\begin{aligned} l_A^p - l_A^q &= \frac{x_{A0} - x^p}{\rho_{A0}^p} - \frac{x_{A0} - x^q}{\rho_{A0}^q} \\ m_A^p - m_A^q &= \frac{y_{A0} - y^p}{\rho_{A0}^p} - \frac{y_{A0} - y^q}{\rho_{A0}^q} \\ n_A^p - n_A^q &= \frac{z_{A0} - z^p}{\rho_{A0}^p} - \frac{z_{A0} - z^q}{\rho_{A0}^q} \end{aligned}\right\} \tag{2.40}$$

2.3.4 双差观测方程线性化

设基准站 A 和流动站 B 同步观测卫星 p、q，则利用式(2.15)可得

$$\Delta\nabla\Phi_{AB}^{pq} = \frac{f}{c}(\rho_B^p - \rho_A^p - \rho_B^q + \rho_A^q) - \Delta\nabla N_{AB}^{pq} + \Delta\nabla\varepsilon'_\Phi \tag{2.41}$$

设式(2.41)中得 $\Delta\nabla N_{AB}^{pq}$ 已通过初始化确定，两个测站双差误差的残差可归入观测噪声 $\Delta\nabla\varepsilon'_\Phi$ 中。式(2.41)中只含流动接收机天线位置(x_B,y_B,z_B)的三个未知参数，它们隐含在 ρ_B^p 和 ρ_B^q 中，故需要三个以上的形如式(2.41)的观测方程，也就是需同步观测至少四颗卫星才可解算出以上未知参数。这种在 $\Delta\nabla N_{AB}^{pq}$ 预先取整数的前提下所得位置参数的解称为双差固定解，否则，若将模糊度当作未知实数参数与测站坐标一同解算则称为双差浮点解或实数解。

式(2.41)为非线性形式，设在近似天线位置(x_{B0},y_{B0},z_{B0})处展开，相应的改正数为(∂x_B,∂y_B,∂z_B)，并设

$$\Delta\nabla\tilde{\Phi}_{AB}^{pq} = \frac{f}{c}(\rho_{B0}^p - \rho_A^p - \rho_{B0}^q + \rho_A^q) - \Delta\nabla N_{AB}^{pq} \tag{2.42}$$

式(2.42)中略去了电离层延迟误差、中性大气延迟误差和多路径效应误差等误差的残差项影响。

其中

$$\left.\begin{aligned} \rho_A^p &= [(x^p - x_A)^2 + (y^p - y_A)^2 + (z^p - z_A)^2]^{1/2} \\ \rho_{B0}^p &= [(x^p - x_{B0})^2 + (y^p - y_{B0})^2 + (z^p - z_{B0})^2]^{1/2} \\ \rho_A^q &= [(x^q - x_A)^2 + (y^q - y_A)^2 + (z^q - z_A)^2]^{1/2} \\ \rho_{B0}^q &= [(x^q - x_{B0})^2 + (y^q - y_{B0})^2 + (z^q - z_{B0})^2]^{1/2} \end{aligned}\right\} \tag{2.43}$$

则得线性化的双差观测方程为

$$\Delta\nabla\Phi_{AB}^{pq} = \Delta\nabla\tilde{\Phi}_{AB}^{pq} + \frac{f}{c}(l_B^p - l_B^q)\partial x_B + \frac{f}{c}(m_B^p - m_B^q)\partial y_B + \frac{f}{c}(n_B^p - n_B^q)\partial z_B \tag{2.44}$$

即

$$\Delta\nabla\Phi_{AB}^{pq}=\frac{f}{c}\left[(l_B^p-l_B^q)\quad(m_B^p-m_B^q)\quad(n_B^p-n_B^q)\right]\cdot\begin{bmatrix}\partial x_B\\ \partial y_B\\ \partial z_B\end{bmatrix}+\frac{f}{c}(\rho_{B0}^p-\rho_A^p-\rho_{B0}^q+\rho_A^q)-\Delta\nabla N_{AB}^{pq} \tag{2.45}$$

式中

$$\left.\begin{aligned}l_B^p-l_B^q&=\left(\frac{x_{B0}-x^p}{\rho_{B0}^p}-\frac{x_{B0}-x^q}{\rho_{B0}^q}\right)\\ m_B^p-m_B^q&=\left(\frac{y_{B0}-y^p}{\rho_{B0}^p}-\frac{y_{B0}-y^q}{\rho_{B0}^q}\right)\\ n_B^p-n_B^q&=\left(\frac{z_{B0}-z^p}{\rho_{B0}^p}-\frac{z_{B0}-z^q}{\rho_{B0}^q}\right)\end{aligned}\right\} \tag{2.46}$$

2.3.5　位置参数和模糊度参数的最小二乘解算

根据式(2.39)或式(2.45)，可以进行位置参数和模糊度参数的最小二乘解算。以式(2.45)为例，可设

$$\Delta\nabla l^{pq}=\Delta\nabla\Phi_{AB}^{pq}-\frac{f}{c}(\rho_{B0}^p-\rho_A^p-\rho_{B0}^q+\rho_A^q) \tag{2.47}$$

则式(2.45)写成误差方程式的形式为

$$v^{pq}=\frac{f}{c}\left[(l_B^p-l_B^q)\quad(m_B^p-m_B^q)\quad(n_B^p-n_B^q)\right]\cdot\begin{bmatrix}\partial x_B\\ \partial y_B\\ \partial z_B\end{bmatrix}+\Delta\nabla N_{AB}^{pq}+\Delta\nabla l^{pq} \tag{2.48}$$

若该历元同步观测了 n^j 个卫星，卫星 p、q 为其中之一，则有矩阵形式的误差方程

$$\underset{(n^j-1)\times 1}{\boldsymbol{v}}=\underset{(n^j-1)\times 3}{\boldsymbol{a}}\ \underset{3\times 1}{\delta\boldsymbol{X}}+\underset{(n^j-1)\times(n^j-1)}{\boldsymbol{b}}\ \underset{(n^j-1)\times 1}{\Delta\nabla\boldsymbol{N}}+\underset{(n^j-1)\times 1}{\Delta\nabla\boldsymbol{l}} \tag{2.49}$$

式中

$$\underset{(n^j-1)\times 1}{\boldsymbol{v}}=\begin{bmatrix}v^1 & v^2 & \cdots & v^{n^j-1}\end{bmatrix}^{\mathrm{T}}$$

$$\underset{(n^j-1)\times 3}{\boldsymbol{a}}=\begin{bmatrix}\dfrac{\partial\Delta\nabla\rho_{AB}^{12}}{\partial x_B} & \dfrac{\partial\Delta\nabla\rho_{AB}^{12}}{\partial y_B} & \dfrac{\partial\Delta\nabla\rho_{AB}^{12}}{\partial z_B}\\ \dfrac{\partial\Delta\nabla\rho_{AB}^{13}}{\partial x_B} & \dfrac{\partial\Delta\nabla\rho_{AB}^{13}}{\partial y_B} & \dfrac{\partial\Delta\nabla\rho_{AB}^{13}}{\partial z_B}\\ \vdots & \vdots & \vdots\\ \dfrac{\partial\Delta\nabla\rho_{AB}^{1n^j}}{\partial x_B} & \dfrac{\partial\Delta\nabla\rho_{AB}^{1n^j}}{\partial y_B} & \dfrac{\partial\Delta\nabla\rho_{AB}^{1n^j}}{\partial z_B}\end{bmatrix}$$

$$\underset{(n^j-1)\times(n^j-1)}{\boldsymbol{b}}=\begin{bmatrix}1&0&\cdots&0\\0&1&\cdots&0\\\vdots&\vdots&\vdots&\vdots\\0&0&\cdots&1\end{bmatrix}$$

$$\underset{(n^j-1)\times 1}{\Delta\nabla\boldsymbol{N}}=\begin{bmatrix}\Delta\nabla N^1&\Delta\nabla N^2&\cdots&\Delta\nabla N^{n^j-1}\end{bmatrix}^{\mathrm{T}}$$

$$\underset{(n^j-1)\times 1}{\Delta\nabla\boldsymbol{l}}=\begin{bmatrix}\Delta\nabla l^1&\Delta\nabla l^2&\cdots&\Delta\nabla l^{n^j-1}\end{bmatrix}^{\mathrm{T}}$$

$$\underset{3\times 1}{\delta\boldsymbol{X}}=\begin{bmatrix}\delta x&\delta y&\delta z\end{bmatrix}^{\mathrm{T}}$$

其中

$$\frac{\partial\Delta\nabla\rho_{AB}^{pq}}{\partial x_B}=\frac{f}{c}\cdot\frac{x_{B0}-x^p}{\rho_{B0}^p}-\frac{f}{c}\cdot\frac{x_{B0}-x^q}{\rho_{B0}^q}$$

$$\frac{\partial\Delta\nabla\rho_{AB}^{pq}}{\partial y_B}=\frac{f}{c}\cdot\frac{y_{B0}-y^p}{\rho_{B0}^p}-\frac{f}{c}\cdot\frac{y_{B0}-y^q}{\rho_{B0}^q}$$

$$\frac{\partial\Delta\nabla\rho_{AB}^{pq}}{\partial z_B}=\frac{f}{c}\cdot\frac{z_{B0}-z^p}{\rho_{B0}^p}-\frac{f}{c}\cdot\frac{z_{B0}-z^q}{\rho_{B0}^q}$$

其最小二乘解为

$$\begin{bmatrix}\delta\boldsymbol{X}\\\Delta\nabla\boldsymbol{N}\end{bmatrix}=-\left(\begin{bmatrix}\boldsymbol{a}&\boldsymbol{b}\end{bmatrix}^{\mathrm{T}}\boldsymbol{P}\begin{bmatrix}\boldsymbol{a}&\boldsymbol{b}\end{bmatrix}\right)^{-1}\begin{bmatrix}\boldsymbol{a}&\boldsymbol{b}\end{bmatrix}^{\mathrm{T}}\boldsymbol{P}\Delta\nabla\boldsymbol{l}\tag{2.50}$$

式中，$\boldsymbol{P}$ 为权矩阵，设观测值的单位权方差为 σ^2，当两个观测站在历元 t 时刻，同步观测了 n^j 颗卫星时，相应的权矩阵为

$$\underset{(n^j-1)\times(n^j-1)}{\boldsymbol{P}}=\frac{1}{2\sigma^2}\cdot\frac{1}{n^j}\cdot\begin{bmatrix}n^j-1&-1&\cdots&-1\\-1&n^j-1&\cdots&-1\\\vdots&\vdots&\vdots&\vdots\\-1&-1&\cdots&n^j-1\end{bmatrix}\tag{2.51}$$

如果对同一组卫星观测的历元数为 n_t，那么根据相应的误差方程组，则可得

$$\boldsymbol{V}=\begin{bmatrix}\boldsymbol{A}&\boldsymbol{B}\end{bmatrix}\begin{bmatrix}\delta\boldsymbol{X}\\\Delta\nabla\boldsymbol{N}\end{bmatrix}+\boldsymbol{L}\tag{2.52}$$

式中

$$\underset{(n^j-1)n_t\times 3}{\boldsymbol{A}}=\begin{bmatrix}a_1&a_2&\cdots&a_{n_t}\end{bmatrix}^{\mathrm{T}}$$

$$\underset{(n^j-1)n_t\times(n^j-1)}{\boldsymbol{B}}=\begin{bmatrix}b_1&b_2&\cdots&b_{n_t}\end{bmatrix}^{\mathrm{T}}$$

$$\underset{(n^j-1)n_t\times 1}{\boldsymbol{L}}=\begin{bmatrix}\Delta\nabla l_1&\Delta\nabla l_2&\cdots&\Delta\nabla l_{n_t}\end{bmatrix}^{\mathrm{T}}$$

$$\underset{(n^j-1)n_t\times 1}{\boldsymbol{V}}=\begin{bmatrix}v_1&v_2&\cdots&v_{n_t}\end{bmatrix}^{\mathrm{T}}$$

由此，相应的法方程及其解，可表示为

$$\boldsymbol{N}\Delta\boldsymbol{Y}+\boldsymbol{U}=0\tag{2.53}$$

$$\Delta \boldsymbol{Y} = -\boldsymbol{N}^{-1}\boldsymbol{U} \tag{2.54}$$

式中

$$\Delta \boldsymbol{Y} = [\delta \boldsymbol{X} \quad \Delta\nabla \boldsymbol{N}]^{\mathrm{T}}$$
$$\boldsymbol{N} = [\boldsymbol{A} \quad \boldsymbol{B}]^{\mathrm{T}}\boldsymbol{P}[\boldsymbol{A} \quad \boldsymbol{B}]$$
$$\boldsymbol{U} = [\boldsymbol{A} \quad \boldsymbol{B}]^{\mathrm{T}}\boldsymbol{P}\boldsymbol{L}$$

§2.4　长距离 GNSS 网络 RTK 中的观测值线性组合

长距离 GNSS 网络 RTK 定位中一般会有多个载波相位观测值和伪距观测值。在长距离 GNSS 网络 RTK 定位的数据处理中，经常利用原始的载波相位和伪距观测值的线性组合辅助定位、模糊度解算等。由于目前美国的 GPS 系统、俄罗斯的 GLONASS 系统的现代化过程正在进行，而欧盟的 Galileo 系统和中国的北斗卫星导航系统正处于组建过程中。已有的 GNSS 多频、多模数据并不成熟和完善，因此，本书多以较为成熟的双频观测数据为例进行算法推导和实验，下面介绍双频数据的常用线性组合观测值。

2.4.1　组合标准

L1 的载波相位观测值 Φ_1 和 L2 的载波相位观测值 Φ_2 间的线性组合的一般形式为

$$\Phi_{n,m} = n\Phi_1 + m\Phi_2 \tag{2.55}$$

下面不加证明给出线性组合观测值 $\Phi_{n,m}$ 的频率 $f_{n,m}$、波长 $\lambda_{n,m}$、整周模糊度 $N_{n,m}$、观测噪声 $\sigma_{\Phi_{n,m}}$ 与 L1 和 L2 载波相位中的相应值之间的关系式

$$f_{n,m} = nf_1 + mf_2 \tag{2.56}$$

$$\lambda_{n,m} = c/f_{n,m} \tag{2.57}$$

$$N_{n,m} = nN_1 + mN_2 \tag{2.58}$$

$$\sigma_{\Phi_{n,n}} = \sqrt{(n\sigma_{\Phi_1})^2 + (m\sigma_{\Phi_2})^2} \tag{2.59}$$

如果希望新组合的观测值 $\Phi_{n,m}$ 的模糊度仍能保持整数特性，那么 n 和 m 均应为整数。如果不加任何限制的话，可组成无穷多种不同的线性组合观测值。具有实际价值和意义的线性组合观测值至少应满足下列标准之一：

(1)能够保持模糊度的整数特性，以利于正确确定整周模糊度；

(2)具有适当的波长；

(3)不受或基本不受电离层延迟误差的影响；

(4)具有较小的观测噪声。

2.4.2　常用的线性组合

表 2.1 给出了几种重要的不同频率载波相位观测值的线性组合及其特性，包

括波长较长的宽巷组合(Φ_W)；消除电离层延迟误差(一阶项)的无电离层组合(Φ_{ion})；噪声水平较低的窄巷组合(Φ_N)。需要说明的是，将两个组合系数同时乘以一个数，如将宽巷组合系数同时乘以 2，使得 $n=2,m=-2$，虽然可以改变以周为单位的观测值噪声水平，但以米为单位的观测值噪声水平是不变的，因此，在原组合系数上同时乘以一个相同的数所得到的新组合与原组合等价。

表 2.1　GPS 观测值的常用线性组合

组合观测值	n	m	$\lambda_{n,m}$/m	备注
Φ_W	1	-1	0.861 9	宽巷组合
Φ_{ion}	1	$-f_2/f_1$	0.484 4	无电离层延迟组合
Φ_N	1	1	0.107 0	窄巷组合

Φ_{ion} 实际上只消除了电离层延迟误差的低阶影响。但是在区域误差改正中，更高阶的电离层影响可以忽略。需要指出的是，由于 Φ_{ion} 模糊度的非整数特性，因而使得模糊度解算问题复杂化，可以选择组合系数为 77、60 以保证模糊度的整数特性。

表 2.1 中几种组合都是在载波相位观测值之间(也可在伪距观测值之间)进行线性组合。下面介绍载波相位观测值与伪距观测值之间的 Melbourne-Wübbena 组合观测值。

$$MW=\frac{(f_1P_1+f_2P_2)}{(f_1+f_2)}-\frac{(c\cdot\Phi_1/f_1-c\cdot\Phi_2/f_2)}{(f_1-f_2)} \tag{2.60}$$

$$N_W=\frac{(f_1-f_2)\cdot MW}{c} \tag{2.61}$$

式中，MW 和 N_W 分别为 Melbourne-Wübbena 组合观测值和宽巷观测值的模糊度。Melbourne-Wübbena 组合观测值，能够消除电离层延迟误差、以对流层延迟为主的中性大气延迟误差、卫星轨道误差、卫星钟差、接收机钟差和计算的几何距离误差等误差影响，只受观测噪声的影响。

第 3 章　长距离网络 RTK 中的定位误差

本章将介绍长距离 GNSS 网络 RTK 定位中的各种误差影响，分析各种误差的特性，并给出 GNSS 数据处理中常用的误差计算模型。重点介绍与测站间距离相关的电离层延迟误差、以对流层延迟为主的中性大气延迟误差、卫星轨道误差等误差及其处理方法。

§3.1　与卫星有关的误差

GNSS 卫星在中高轨道运行，由于受地球重力场的影响，增加了卫星运行轨道的精确模型化难度。同时卫星工作环境与地面不同，以及卫星的硬件设备特别是卫星钟和卫星天线会存在硬件上的误差，都会影响到卫星信号的播发和卫星位置的确定，从而产生与卫星相关的误差。与卫星有关的误差主要包括卫星钟差、卫星轨道误差、卫星天线相位中心偏差、相对论效应。

3.1.1　卫星钟差

卫星钟差是卫星钟频率漂移引起的卫星钟时间与 GNSS 标准时之间的差值。GNSS 系统可以通过地面监控系统对卫星监测，确定卫星钟的偏差，并用二项式模拟出卫星钟的变化。

卫星钟差计算是将用户测得的有时间偏差的卫星钟时间校正为 GNSS 系统时间。计算公式为

$$t = t_s - \Delta t_s \tag{3.1}$$

$$\Delta t_s = a_0 - a_1(t - t_{oe}) + a_2(t - t_{oe})^2 \tag{3.2}$$

式中，t 为 GNSS 标准时；t_s 为卫星钟时间；Δt_s 是卫星钟时间相对于 GNSS 标准时的偏差；t_{oe} 是子帧 1发布的子帧 1 数据基准时间，由星历提供；a_0、a_1、a_2 是子帧 1发布的卫星钟改正参数，由星历提供。

目前 GPS 双频数据在 GNSS 定位中应用最为广泛，如果采用 GPS 双频数据进行基于非差误差改正数的长距离单历元网络 RTK 算法研究，在计算时应注意 GPS 标准时间间隔只有一个星期(604 800 s)，所以有：如 $t - t_{oe} > 302\,400$ s，则 t 应减 604 800；如 $t - t_{oe} < -302\,400$ s，则 t 应加 604 800。

卫星钟差的影响与测站无关，在差分定位中，卫星钟差的消除不受测站间距离的限制。长距离网络 RTK 定位中，如果使用双差误差改正数，采用双差定位模

式，则卫星钟差在流动站与基准站间进行双差组合时消除。使用观测值的非差误差改正数进行长距离网络 RTK 定位时，因为没有在基准站与流动站之间进行双差组合，没有采用双差定位模式，所以不能利用双差组合的差分方式消除卫星钟差的影响。可以在观测值的非差误差改正数中包含卫星钟差，流动站用户使用非差误差改正数就能够消除观测值中的卫星钟差影响。

3.1.2 卫星轨道误差

卫星星历中的卫星轨道信息是 GNSS 定位中的重要起算数据。卫星轨道误差的大小取决于轨道计算的数学模型、所用的软件、所使用的跟踪网规模、跟踪站的分布及跟踪站数据观测时间的长短。目前，GPS 广播星历卫星轨道的精度大约为 1～2 m，事后精密星历卫星轨道的精度大约为 3～5 cm。在差分定位当中，卫星轨道误差的影响与测站之间距离有关。

含有卫星轨道误差的几何距离计算值表示为 ρ，无轨道偏差的几何距离计算值表示为 ρ'，Ref_A 为已知精确坐标的基准站，U 为流动站用户，设 $\boldsymbol{\xi}$ 为卫星轨道误差在流动站到卫星方向上的误差分量，垂直于该方向的轨道误差分量为 $\boldsymbol{\eta}$。$\boldsymbol{\eta}$ 又可以分解为两个垂直分量 $\boldsymbol{\eta}_1$ 和垂直于分量 $\boldsymbol{\eta}_1$ 的分量 $\boldsymbol{\eta}_2$，平面 O 为基准站、流动站及卫星 S 三点所确定的平面，如图 3.1 所示（Han，1997）。

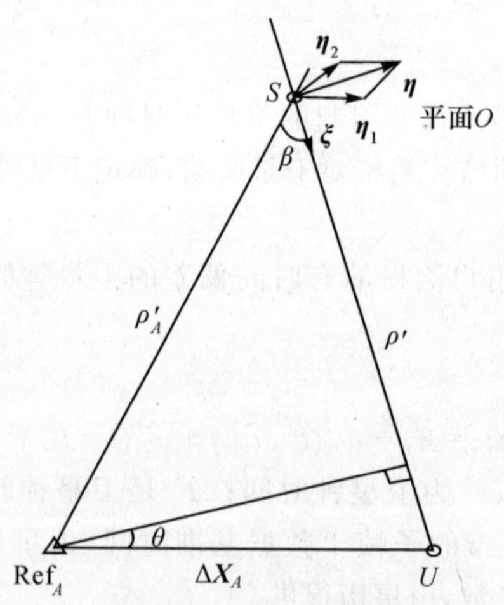

图 3.1　轨道误差对单差观测值的影响

对于流动站用户有

$$d\rho = \rho' - \rho = |\boldsymbol{\xi}| \tag{3.3}$$

对于基准站 Ref_A

$$d\rho_A = \rho'_A - \rho_A = |\boldsymbol{\xi}| \cdot \cos\beta - |\boldsymbol{\eta}_1| \cdot \sin\beta \tag{3.4}$$

根据图 3.1 有如下关系

$$\rho'_A \cdot \sin\beta = |\Delta \boldsymbol{X}_A| \cos\theta \tag{3.5}$$

$$d\rho_A - d\rho = -|\boldsymbol{\xi}| \cdot (1-\cos\beta) - \frac{1}{\rho_A} |\boldsymbol{\eta}_1| \cdot |\Delta \boldsymbol{X}_A| \cdot \cos\theta \tag{3.6}$$

式中，ρ_A 为 ρ'_A 的近似值；$\boldsymbol{\eta}_2$ 和 $\Delta \boldsymbol{X}_A$ 互相垂直。如果基准站与流动站用户之间的距离 $\Delta \boldsymbol{X}_A$ 为 200 km，则

$$\beta \approx \frac{200}{21\ 000} \approx 0.009\ 5 \tag{3.7}$$

因此，对于式(3.6)中的第一项有

$$|\boldsymbol{\xi}|(1-\cos\beta) < 5.0 \times 10^{-5} |\boldsymbol{\xi}| \tag{3.8}$$

目前利用 GPS 广播星历得到的 GPS 卫星轨道精度约为 1～2 m。如果在卫星到接收机方向的轨道误差为 2 m，基准站与流动站间距为 200 km，则式(3.6)中第一项对两个站间单差观测值的影响不足 0.1 mm，可以忽略不计。第二项中，该误差对间距 200 km 的基准站与流动站单差观测值的最大影响为

$$\max\left(\frac{1}{\rho_A} \cdot |\boldsymbol{\eta}_1| \cdot |\wedge \boldsymbol{X}_A| \cdot \cos\theta\right) = \frac{1}{21\ 000\ \text{km}} \cdot 2\ \text{m} \cdot 200\ \text{km} \approx 0.02\ \text{m} \tag{3.9}$$

式中，max 表示取最大值；由于 $\theta > 0$，所以 $\cos\theta < 1$。而对于间距 100 km 的基准站与流动站，该误差对单差观测值的最大影响为

$$\max\left(\frac{1}{\rho} \cdot |\boldsymbol{\eta}_1| \cdot |\Delta \boldsymbol{X}_A| \cdot \cos\theta\right) = \frac{1}{21\ 000\ \text{km}} \cdot 2\ \text{m} \cdot 100\ \text{km} \approx 0.009\ 5\ \text{m} \tag{3.10}$$

由式(3.6)可知，若使用 GPS 广播星历，卫星轨道误差对 100 km 站间距的单差观测值的最大影响约为 0.01 m。如果采用的数据是 GPS 双频观测数据，由于双频载波相位中 L1 载波相位的波长约为 0.19 m，L2 载波相位的波长约为 0.24 m，而组合的宽巷载波相位的波长约为 0.86 m，广播星历的卫星轨道误差就不会影响基准站双频载波相位整周模糊度和宽巷整周模糊度的解算。因此，一般在网络 RTK 系统的基准站之间距离小于 100 km 的时候，直接用广播星历就可以满足解算基准站间整周模糊度的要求。而对于长距离网络 RTK，基准站间距离超过 200 km后，广播星历的轨道误差对基准站整周模糊度解算的影响可能会大于 2 cm。仅广播星历的轨道误差一般不会影响基准站的整周模糊度解算，特别是宽巷模糊度的解算，但是如果残余的卫星轨道误差，再加上中性大气延迟误差和电离层延迟误差的残差，就难以固定基准站的整周模糊度，这就需要进一步研究长距离网络 RTK 基准站整周模糊度的解算方法。

如果同时使用多个基准站，流动站与基准站单差观测值的轨道误差可以通过一个特定的线性组合来消除和削弱(Wu，1994)。如果不能同时得到多个基准站的数据，则线性组合法很难应用，由于通信设备的限制，流动站用户一般不能同时得

到多个基准站的观测数据。此时,可将卫星轨道误差包含在与距离相关的误差当中,使用合适的误差改正模型描述出来。网络 RTK 定位中多采用模型改正的方法处理卫星轨道误差,也可以用简单的内插方法,如综合误差内插法,将卫星轨道误差包含在综合误差中,直接用内插方法计算和改正流动站的卫星轨道误差。在基于非差误差改正数的网络 RTK 算法中,可通过基准站观测数据计算出基准站非差非色散性误差的影响,其中包含了卫星轨道误差,然后利用误差内插方法可得到流动站非差观测值的误差改正数,并进行流动站卫星轨道误差的改正。

3.1.3 卫星天线相位中心偏差

卫星天线相位中心偏差是卫星质量中心与天线相位中心之间的偏差。由于卫星定轨所用的轨道力学模型参数是相应于卫星质心,但是长距离网络 RTK 定位观测值是接收机天线相位中心和卫星天线相位中心之间的距离。一般情况下 GNSS 卫星在发射以前会测出该偏差,然后在数据处理时直接使用,但是卫星在运行过程中,这一偏差由于种种原因发生变化,就会给数据处理带来误差。对长距离网络 RTK 定位而言,通过基准站和流动站差分改正之后,卫星天线相位中心偏差的残差影响可以忽略不计。

3.1.4 相对论效应

相对论效应是由于卫星钟和接收机钟所处运动速度和重力位不同而引起的卫星钟和接收机钟之间产生相对时延误差现象。卫星信号受到广义相对论效应影响,即多普勒频移和引力频移两部分。因为卫星振荡器的频率(10.23 MHz)是可以控制的,可以比标准频率慢一些(慢 0.004 5 MHz)。卫星钟比地面钟每秒约快 0.45 ms,消除相对论效应影响的方法是在卫星发射前把卫星钟人为地减小约 0.004 5 MHz。这样就可以修正相对论效应影响的常数部分。但由于地球的运动、卫星轨道高度以及地球重力场的不断变化,相对论效应的影响,经过上述改正后仍有误差。余下的是微小常数项及周期项部分,常数项包含在卫星钟改正参数 a_1 中,由周期项的影响而引起的距离改正为 δ_{rel}(刘经南 等,1999),则有

$$\delta_{\mathrm{rel}}=-\frac{2\sqrt{aGM}}{c}e\sin E \tag{3.11}$$

式中,a 为地球长半径;GM 为地球引力常数;c 为光速;e 为卫星轨道偏心率;E 为卫星的偏近点角。

或使用下面等价公式改正

$$\delta_{\mathrm{rel}}=-\frac{2\boldsymbol{X}_s\cdot\dot{\boldsymbol{X}}_s}{c} \tag{3.12}$$

式中,$\boldsymbol{X}_s$、$\dot{\boldsymbol{X}}_s$ 为卫星的空间位置向量和速度向量。

§3.2　与接收机和测站有关的误差

用于长距离网络 RTK 定位的 GNSS 接收机，本身存在的硬件问题及测站周围的环境都会影响到卫星信号的接收，从而使观测到的卫星信号产生与接收机硬件和观测环境相关的误差。与接收机和测站有关的误差主要包括接收机钟差、接收机天线相位中心偏差、固体潮改正、大洋负荷改正、地球自转改正。

3.2.1　接收机钟差

接收机钟差是由于接收机内的时标晶体振荡器的频率漂移引起的接收机钟时间与 GNSS 标准时间之间的差值。用户接收机一般采用高精度的石英钟，其稳定度约为 10^{-9}。接收机钟差在一般情况下不作为结果输出，但该误差即使在使用双差组合观测值的情况下也是必须考虑的。主要原因是接收机钟差一般比较大，所以在求卫星信号发射时刻卫星的空间位置时，要先对接收机钟差进行改正。主要有两种方法可获得接收机的钟差，一种是某些接收机在生成 RINEX 观测文件时同时给出接收机钟差，可直接读取；另一种则可由伪距观测值计算得到。在对接收机钟差的精度要求不是很高的情况下，可忽略其他误差的影响进行单点定位，由式(2.1)通过伪距定位可得到测站坐标和接收机钟差，或直接使用伪距观测值减卫星到测站的几何距离计算值，然后再取平均得到

$$t_r = \frac{\sum_{i=1}^{n}(P_i - \rho_i)}{n \cdot c} \tag{3.13}$$

式中，t_r 为接收机钟差；P_i 为伪距观测值；ρ_i 为卫星到测站的几何距离；n 为观测卫星数；c 为光速。

由上述方法计算的接收机钟差精度不是很高，若要得到较高精度的接收机钟差，可用迭代的方法或使用载波相位观测值。接收机钟差的影响与卫星无关，在长距离网络 RTK 用户定位时，通过用户站星间单差可消除接收机钟差的影响。

3.2.2　接收机天线相位中心偏差

在 GNSS 测量中，伪距和载波相位观测值都是以接收机天线的相位中心为准。理论上，接收机天线的相位中心与其几何中心应保持一致。实际上，接收机天线的相位中心随着卫星信号输入的强度与方向的不同而发生变化，即观测时相位中心的瞬时位置与理论上的相位中心不同，两者的偏差值可达数毫米甚至数厘米(唐卫明，2006)。在非差和差分数据处理中，可根据天线生产厂家提供的参数进行修改，也可利用事先确定的改正模型来消除或削弱其影响，不影响得到厘米级精度

的定位结果。因此,接收机天线相位中心偏差经过修正之后可忽略其对长距离网络 RTK 定位的影响。

3.2.3 固体潮改正

摄动天体(月球、太阳)对弹性地球的引力作用,使地球陆地表面产生周期性的涨落现象,称为固体潮现象。它使地球在地心与摄动天体连线方向上拉长,与连线垂直方向上趋于扁平。地球固体潮对测站的影响包含着与纬度有关的长期偏移和主要由日周期和半日周期组成的周期项。如果静态观测 24 小时,周期项的大部分影响可平滑消除,但无法消除长期项的影响。因此,即使利用长时间观测(例如 24 小时)的方法消除部分固体潮的影响,其残余影响在径向仍可达 12 cm,在水平方向可达 5 cm(Heroux et al,2001)。

网络 RTK 定位中,当测站间距小于 100 km 时,两个测站的固体潮影响基本一致,可不考虑此问题(叶世榕,2002)。但如果测站间距大于 100 km 时,则需用模型加以改正。国际地球自转服务局(IERS)的技术报告中给出了固体潮对测站位置影响的近似公式

$$\Delta \boldsymbol{X}_j = \sum_{j=2}^{3} \frac{GM_j}{GM_{\mathrm{E}}} \cdot \frac{r_{\mathrm{E}}^4}{|\boldsymbol{X}_j|^3} \Bigg\{ 3l_2 \cdot \frac{\boldsymbol{X}_P \cdot \boldsymbol{X}_j}{|\boldsymbol{X}_P| \cdot |\boldsymbol{X}_j| \cdot |\boldsymbol{X}_j|} + \left[3 \cdot \left(\frac{h_2}{2} - l_2 \right) \cdot \left(\frac{\boldsymbol{X}_P \cdot \boldsymbol{X}_j}{|\boldsymbol{X}_P| \cdot |\boldsymbol{X}_j|} \right)^2 - \frac{h_2}{2} \right] \cdot \frac{\boldsymbol{X}_P}{|\boldsymbol{X}_P|} \Bigg\} + [-0.025 \sin\varphi \cos\varphi \sin(\theta + \lambda)] \cdot \frac{\boldsymbol{X}_P}{|\boldsymbol{X}_P|} \tag{3.14}$$

式中,r_{E} 为地球的半径;$\boldsymbol{X}_j$ 为摄动天体(月球、太阳)在地心参考框架中的坐标向量,$j=2$ 为月球、$j=3$ 为太阳;$\boldsymbol{X}_P$ 为测站在地心参考框架中的坐标向量;GM_j 为摄动天体(月球、太阳)的引力参数;GM_{E} 为地球引力参数;h_2、l_2 为 Love 和 Shida 数,$h_2=0.609\,0$、$l_2=0.085\,2$;φ、λ 为测站经度和纬度;θ 为格林尼治平恒星时。

3.2.4 大洋负荷改正

大洋潮汐的周期性涨落变化是产生大洋负荷潮的原因。大洋负荷潮的影响由日周期和半日周期项组成,对于单历元定位,其影响约为 5 cm(Heroux et al,2001)。大洋负荷潮通常用模型进行改正,如果测站离海岸距离 1 000 km 以上,其影响可忽略不计。我国沿海城市如香港、深圳、广州、天津等都建立了网络 RTK 系统,在网络 RTK 数据处理中,也需要考虑这一影响。大洋负荷潮模型可以参考 IERS 的 1996 会议报告

$$\Delta X_c = \sum_j f_j A_{cj} \cos(\omega_j t + \chi_j + u_j - \varphi_{cj}) \tag{3.15}$$

式中,ΔX_c 为大洋负荷对测站坐标 c 分量的影响($c=1,2,3$);t 为时间参数;A_{cj} 为

潮汐 j 分量对坐标 c 分量影响的幅度($j=1,2,\cdots,11$);φ_{cj} 为潮汐 j 分量对坐标 c 分量影响的相位角;f_j 为 j 分量的比例因子;u_j 为 j 分量的相位角偏差;ω_j 为 j 分量的角速度;χ_j 为 j 分量的天文参数。

3.2.5　地球自转改正

地固系是非惯性坐标系,随着地球的自转而旋转变化,GNSS 卫星信号发射时刻和接收机接收信号时刻所对应的地固系不同。因此,在地固系中计算卫星到接收机的几何距离时,由于卫星位置和接收机位置是两个不同时刻的位置矢量,而且两个时刻的地固系相对于惯性系是变化的,所以,必须考虑地球自转的影响。假设测站坐标为(X_R,Y_R,Z_R),卫星坐标为(X_S,Y_S,Z_S),ω 为地球自转角速度,c 为真空中光速,则由地球旋转引起的距离改正为(叶世榕,2002)

$$\Delta D_{\omega}=\frac{\omega}{c}\left[Y_S(X_R-X_S)-X_S(Y_R-Y_S)\right] \tag{3.16}$$

卫星坐标的改正公式为

$$\begin{bmatrix} X'_S \\ Y'_S \\ Z'_S \end{bmatrix}=\begin{bmatrix} \cos\alpha & \sin\alpha & 0 \\ -\sin\alpha & \cos\alpha & 0 \\ 0 & 0 & 1 \end{bmatrix}\begin{bmatrix} X_S \\ Y_S \\ Z_S \end{bmatrix} \tag{3.17}$$

式中,(X'_S,Y'_S,Z'_S)为改正后的卫星坐标;$\alpha=\omega\tau$ 为地球在卫星信号传播时转过的角度,τ 为卫星信号传播时间。

§3.3　与信号传播有关的误差

GNSS 卫星信号在真空中的传播速度为光速,当前所采用的光速为 $2.997\,924\,58\times10^8\,\mathrm{m/s}$。但卫星信号由 GNSS 卫星传播至长距离 GNSS 网络 RTK 用户接收机的传播空间并非真空,在卫星信号传播过程中充满着以大气为介质的空间。卫星信号要到达地球表面的用户接收机,需要穿过性质和形态各异且不稳定的多个大气层。这些大气层能够改变卫星信号传播的方向、速度和强度,而使卫星信号传播的过程与真空中传播的过程不同,产生卫星信号传播过程中的误差。由于接收机周围环境的影响,卫星信号在到达接收机之前可能会受到地表等其他物体反射再与卫星信号叠加被接收机接收,这样也会产生一定的误差影响。其中主要包括以对流层延迟为主的中性大气延迟误差、电离层延迟误差及多路径效应误差。

3.3.1　对流层延迟

以对流层延迟为主的中性大气延迟误差是长距离 GNSS 网络 RTK 定位中最

大的误差源之一。中性大气延迟是由于中性大气层对电磁波的折射,而产生电磁波传播路径比几何距离长的现象。中性大气延迟误差主要受空气的温度、气压、湿度等因素的影响。中性大气延迟中 80%的信号延迟发生在对流层,因此,通常可称为对流层延迟,本书也将其称为对流层延迟。对流层大气对 15 GHz 以内的射电频率呈中性,信号传播产生非色散延迟。所以电磁波在对流层的传播速度只与对流层大气的折射率及电磁波传播方向有关,与电磁波频率无关(Bauersima,1983)。

对流层中折射率略大于 1,并随着高度的增加而逐渐减小,主要是因为大气密度随着高度增加而逐渐减小。由于对流层折射延迟的影响,在测站天顶方向(高度角为 90°),可使 GNSS 卫星信号的传播误差达到 2.5 m 左右,在高度角为 10°时延迟误差可达 20 m 左右。因此,在 GNSS 高精度实时动态定位中必须考虑对流层延迟误差的影响。

对流层延迟误差影响通常可表示为天顶方向对流层延迟误差和与高度角相关的投影函数的乘积。对流层延迟的 90%是由大气中干燥气体引起的,称为干分量;其余 10%是由水汽引起的,称为湿分量。所以,对流层延迟误差可用天顶方向的干、湿分量延迟及相应的投影函数表示

$$\Delta P_{\text{trop}}=\Delta P_{z,\text{dry}}\cdot M_{\text{dry}}(E)+\Delta P_{z,\text{wet}}\cdot M_{\text{wet}}(E) \tag{3.18}$$

式中,ΔP_{trop}为对流层总延迟;$\Delta P_{z,\text{dry}}$为天顶方向对流层干分量延迟;$M_{\text{dry}}(E)$为相应的对流层干分量投影函数;$\Delta P_{z,\text{wet}}$为天顶方向对流层湿分量延迟;$M_{\text{wet}}(E)$为相应的对流层湿分量投影函数。

利用对流层延迟误差模型改正后,对流层延迟影响干分量部分的改正精度可以达到厘米级(唐卫明,2006),而湿分量部分的残余影响还比较大。因此,在精密定位中,还需要将对流层延迟误差影响当作一个参数进行估计。

常见的对流层天顶延迟误差模型有 Hopfield 模型(Hopfield,1969),Saastamoinen 模型(Saastamoinen,1973)和 Black 模型(Black,1978)。如果提供比较准确的测站气象元素,Saastamoinen 模型和 Hopfield 模型等都能对干分量做出比较好的改正。但由于水汽分布不均匀,且随时间变化,所以对湿分量延迟改正精度较差。以上对流层延迟误差改正模型虽然在表达形式上不同,但用同一套气象数据求得的天顶对流层延迟之差一般很小,当高度角大于 30°时,用不同模型求得的结果相符得很好(大约为几个毫米),高度角低于 15°时也可以到几个厘米,大约为对流层延迟误差的 0.1%~0.5%(刘基余 等,1993)。

有了天顶对流层延迟误差改正之后,利用与高度角相关的投影函数就可计算各 GNSS 卫星对流层延迟误差的初值。常用的映射函数模型有 Marini、GMF 等,各种映射函数的参数比较如表 3.1 所示。

表3.1 各种映射函数的参数比较

映射函数模型	Marini	CFA	MTT	NMF	UNSW931	GMF
建立模型所用数据来源	指数模型	标准大气	探空气球	探空气球	标准大气	全球数值天气模型
大气层假设	平行平面层	平行平面层	平行平面层	平行平面层	球对称大气层	平行平面层
选用参数	常参数	地面气象参数	温度、测站地理位置	测站地理位置、观测日期	地面气象参数	测站地理位置、观测日期
参数列表	无	无	无	有	无	全球格网

对流层延迟误差的影响，尽管可以使用对流层延迟误差改正模型和投影函数加以改正，但目前却只能达到厘米级的精度，主要原因是对流层中的水汽在时间和空间上的随机变化仅靠建立一种数学模型来精确地描述是非常困难的。目前在一些重要的GNSS连续跟踪站上已安装了水汽辐射计来精确测定对流层湿分量的变化。

对流层大气的空间状态很复杂，而实测气象参数如温度、压强、湿度等随高度的分布状况又是GNSS技术等空间科学研究工作中必不可少的资料。因此，研究人员根据大量高空探测的数据和理论，建立了一种特性随高度平均分布的最接近实际大气的大气模型，称为“标准大气”。美国1976年的标准大气(U.S.Standard Atmosphere，1976)表示了中等太阳活动期间，由地面到高空1 000 km高度的理想化、静态的中纬度平均大气结构，这个标准大气在50 km以下部分与国际标准化组织的标准大气相同，我国国家标准机构也规定取这个标准大气30 km以下部分作为国家标准。目前，许多的GNSS解算软件都使用了标准气象参数。

此外，对流层延迟误差也会受到其他一些相关定位误差的影响，如卫星星历误差、海潮等。

对流层延迟改正模型是在假定大气层处于流体静力平衡状态下的理想气体的条件下近似导出的。另外，测站的气象元素并不能很好地表示信号传播路径上的气象条件。因此，利用改正模型不能很好地模拟实际的对流层延迟误差影响。在没有水汽辐射仪观测数据的情况下，提高对流层延迟误差模拟精度的主要方法是附加未知参数法(葛茂荣 等，1996)。主要的对流层延迟误差估计方法有：单参数方法、多参数方法、随机游走法、分段线性方法。

长距离网络RTK基准站网数据处理中，由于基准站坐标已知且长期固定观测，基准站上的温度、气压等气象参数可以使用气象观测仪器测定，然后使用任何一个对流层延迟误差改正模型，如Hopfield模型、Saastamoinen模型或Black模型都可以计算出一定精度的对流层延迟误差。网络RTK流动站定位的数据处理中，可通过基准站网建立的区域对流层延迟误差改正模型进行流动站对流层延迟误差改正，或是利用基准站计算得到的对流层延迟误差改正数直接内插计算出流动站的对流层延迟误差改正数。

3.3.2 电离层延迟

电离层中的大量自由电子导致电磁波在电离层中传播时会产生延迟，并且对单一频率的电磁波和多个频率叠加的电磁波的折射率不同，对前者产生相延迟，对后者产生群延迟。搭载卫星信号的载波为单一频率电磁波，伪距码为多种频率波的叠加。电离层延迟误差的影响是长距离 GNSS 网络 RTK 定位误差中影响最大的误差源之一，不仅误差值比较大，而且变化比较复杂，没有模型能够很好地描述它。电离层延迟对不同频率的卫星信号带来的误差影响是不同的，并且电离层延迟误差具有空间相关性，因此，可以通过对观测值双差组合的差分方法进行消除或削弱，但双差电离层延迟误差的残差影响与两个测站间的距离有关。在差分定位当中，如果测站与基准站间距离过长，电离层延迟误差的残差就会较大。除了利用观测值差分组合的方法减弱电离层延迟误差之外，还可通过电离层模型对电离层延迟误差加以改正，常用的模型有单层电离层模型、卫星对卫星和历元对历元的电离层模型以及 Klobuchar 模型。

1. 单层电离层模型

单层电离层模型是假设大气层所有活跃电子都集中在一个固定的单层，一般选择高度在 350 km 的大气层，并且天顶电离层延迟误差大小与总的电子含量成比例。单层电离层模型可以表示为以地磁纬度和太阳入射角为参数的二维天顶电离层延迟多项式模型，在实际应用中，大多采用二阶多项式。单层电离层模型只消除 50％左右的电离层延迟误差，对于突变的较大的电离层延迟误差非常有效，但是无法模型化短期的局部电离层扰动。

2. 卫星对卫星和历元对历元的电离层模型

卫星对卫星和历元对历元的高精度电离层延迟误差改正模型作为一种电离层延迟误差的处理方法，很多学者都对其做了相应的研究（Webster et al，1992；Wanninger，1995；Han et al，1996）。该模型中用户的电离层延迟误差可以根据周围多个基准站电离层延迟误差内插得到。在模型建立过程中，需要计算穿刺点和电子总含量（TEC）到天顶方向总电子含量（VTEC）的转换。在一定的区域内，可以简单地根据测站的平面位置，内插用户处的单差 TEC 值或双差 TEC 值。该模型一般首先要确定基准站的模糊度，然后计算相对于基准卫星和基准站的 TEC 值。但是这种模型只能向流动站用户提供单差或是双差的 TEC 计算结果，不能向用户提供非差电离层延迟误差改正数或是非差的 TEC 值。

3. Klobuchar 模型

Klobuchar 模型认为晚上的电离层延迟误差是一个常数，白天的电离层延迟误差是随时间变化的余弦函数(Klobuchar，1987)，Klobuchar 模型计算天顶电离层延迟误差的公式为

$$T_q = D_c + A\cos\frac{2\pi(t - T_p)}{p} \tag{3.19}$$

式中，$A=\sum_{n=0}^{3}\alpha_n\varphi_m^2$；$D_c=5$ ns；$T_p=14$ h；$p=\sum_{n=0}^{3}\beta_n\varphi_m^2$；$\alpha_n$、$\beta_n$ 为卫星导航电文中给出的模型系数；φ_m 为传播路径与中心电离层穿刺点的地磁纬度；t 为电离层穿刺点的地方时。一般认为这种模型只能改正掉约 50% ～ 60% 的电离层延迟误差影响，因此，在网络 RTK 中处理电离层延迟误差时，该模型只能用来计算基准站电离层延迟误差的初值，以便于计算模糊度初值，进行基准站载波相位观测值的整周模糊度解算。

另外，新的模型和数学方法的引入，对于电离层延迟误差的研究与消除起了极大的促进作用。许多现代电离层延迟误差改正模型的建立一般都需要 CORS 网的支持，并且模型构建比较复杂，若应用于长距离网络 RTK 中，则需要一个较长的时间来建立误差改正模型。如果要实现单历元的流动站高精度定位，必须在单历元上由基准站提供非差电离层延迟误差改正数。基于非差误差改正数的长距离单历元网络 RTK 中所采用的电离层延迟误差处理方法是，首先单历元确定基准站的载波相位整周模糊度，然后计算基准站观测值的非差误差改正数，其中包含有基准站上的电离层延迟误差，流动站根据基准站观测值的非差误差改正数计算流动站观测值的非差误差改正数，并进行流动站观测值的误差改正，同时能够消除或削弱流动站观测值的非差电离层延迟误差。也可在基准站整周模糊度单历元确定之后，分离出基准站的非差电离层延迟误差，然后建立区域非差电离层延迟误差改正模型，进行流动站单历元非差电离层延迟误差改正数的计算和误差改正，具体实施方法将在第 5 章做详细介绍。

3.3.3　多路径效应

接收机能够接收的信号一部分是由卫星信号直接到达接收机天线的，另一部分是经天线附近物体反射后的卫星信号。反射信号对直接信号产生干涉，引起观测值偏离真值，就产生了多路径效应误差。多路径效应是定位中一种重要的误差源，会使定位结果产生偏差甚至导致卫星信号失锁。该项误差是由测站周围的观测环境引起的，但从对定位影响的效果上来看，是在 GNSS 卫星信号传播过程中产生的，所以可以将其归结为与卫星信号传播有关的误差。

消除多路径效应的影响一般可以采用硬件和软件两种方法。长距离网络

RTK 的基准站一般都选址在比较开阔的地方，并使用抗多路径天线，以减小多路径效应误差的影响。或是利用相邻恒星日之间的多路径效应误差的强相关性特点，对基准站观测数据或者结果采用恒星日滤波方法对多路径效应误差予以削弱(方荣新，2010)。对于流动站用户而言，最好的办法是采用抗多路径天线，选择良好的观测条件，尽量避免和减小多路径效应误差的影响，以减少流动站数据处理的难度。

第 4 章　长距离网络 RTK 基准站的整周模糊度解算

本章首先介绍常用的网络 RTK 基准站间整周模糊度解算方法，主要有基准站网载波相位整周模糊度实时解算方法（Dai et al，2001）、基准站间基线整周模糊度单历元搜索方法（高星伟 等，2002）、基准站整周模糊度确定的三步法（唐卫明，2006）。最后，详细介绍一种长距离网络 RTK 基准站载波相位整周模糊度的单历元解算方法，该方法以基准站间基线整周模糊度单历元搜索方法为基础。

§4.1　基准站间整周模糊度解算方法

国内外许多学者对基准站间双差整周模糊度的确定做了大量的研究工作，并取得了很多成果。下面介绍几种比较常用的网络 RTK 基准站间整周模糊度的解算方法。

4.1.1　基准站网载波相位整周模糊度实时解算方法

为了保证基准站载波相位观测值的整周模糊度能够实时准确确定，该方法分为两个部分。第一部分是在基准站先前历元的载波相位模糊度固定之后，进行当前历元的基准站载波相位整周模糊度单历元解算。基准站先前历元的载波相位模糊度确定后，可实时计算与距离相关误差（主要是大气延迟误差和卫星轨道误差）的误差改正数，在短时间内，这些误差可以用与时间相关的线性函数来表示。大气延迟误差（对流层延迟、电离层延迟）和卫星轨道误差能够通过先前历元固定了模糊度的载波相位观测值计算出来，并可用于当前历元载波相位整周模糊度的准确确定。第二部分是新升起卫星模糊度和长时间失锁卫星模糊度的固定。利用各双差卫星对的大气延迟误差可以建立起与空间相关的大气延迟误差改正模型，因此，可使用已固定了模糊度卫星的大气延迟误差建立误差改正模型，然后估计新升起卫星的大气延迟误差改正数，并用于其载波相位模糊度的确定。

1. 当前历元的整周模糊度单历元解算

基准站一般设在比较开阔的地方，观测条件较好，可以忽略多路径效应的影响，则以基准站 A、B 上卫星 p、q 为例，其双差载波相位观测方程为

$$\lambda \cdot \Delta\nabla\Phi_{AB}^{pq} = \Delta\nabla\rho_{AB}^{pq} - \lambda \cdot \Delta\nabla N_{AB}^{pq} + \Delta\nabla o_{AB}^{pq} - \Delta\nabla I_{AB}^{pq} + \Delta\nabla \mathrm{Trop}_{AB}^{pq} + \Delta\nabla\varepsilon'_{\Phi} \quad (4.1)$$

式中，各项符号含义与双差观测方程式（2.15）相同，其中的误差主要包括了大气延迟误差和卫星轨道误差，可以表示为

$$\text{Bias}=\lambda\cdot\Delta\nabla\Phi_{AB}^{pq}-\Delta\nabla\rho_{AB}^{pq}+\lambda\cdot\Delta\nabla N_{AB}^{pq} \tag{4.2}$$

在基准站网中,如果载波相位的整周模糊度已经确定,式(4.2)中的误差 Bias 可以很容易的计算出来。很多研究者对大气延迟误差和卫星轨道误差的模型化进行了研究,以改善卫星定位的精度,并证明了相邻历元的大气延迟误差和卫星轨道误差具有非常强的时间相关性。在较短的观测时间段内,利用式(4.2)计算出的大气延迟误差和卫星轨道误差可建立与时间相关的误差计算模型,并可以将该模型表示为与时间相关的线性函数。利用这种与时间相关的误差模型化方法可得到当前历元的大气延迟误差和卫星轨道误差,然后可解算当前历元的 L1、L2 载波相位模糊度或是组合观测值的模糊度。并且该方法可以在当前历元载波相位模糊度固定之前进行周跳的探测和修复。但是,在先前历元的载波相位模糊度没有准确固定的情况下,按照式(4.2)计算出的误差会含有很大的偏差。

2. 新升起卫星的整周模糊度实时解算

新升起卫星的高度角一般都比较低。低高度角卫星的观测值会包含比较大的大气延迟误差,即电离层延迟误差和对流层延迟误差。因此,要实时确定基准站网新升起卫星的整周模糊度是非常困难的。因为观测值中的大气延迟误差具有空间相关性,所以,在进行双差观测值组合之后可以建立双差大气延迟误差的空间相关误差计算模型。根据这种空间相关性,可以通过已经固定了模糊度的卫星的大气延迟误差构建误差计算模型,然后计算新升起卫星的大气延迟误差。

首先处理电离层延迟误差。双差 L1、L2 载波相位整周模糊度准确固定以后,根据式(4.1)可计算出双差 L1、L2 载波相位观测值的电离层延迟误差。并可以使用一个方程式量化双差观测值间空间相关的电离层延迟误差。假设双差卫星与其基准卫星间的经纬度差越大,则双差观测值的电离层延迟误差就越大。那么双差电离层延迟误差的线性计算模型可以表示为

$$\Delta\nabla I_4=C_0+C_\lambda\cdot\Delta\lambda+C_\beta\cdot\Delta\beta \tag{4.3}$$

式中,C_0 是一个常系数;C_λ 和 C_β 是水平电离层延迟误差拟合参数;$\Delta\lambda$ 和 $\Delta\beta$ 是双差卫星与其基准卫星的纬度和经度差。电离层拟合参数 C_λ 和 C_β 可以吸收很大一部分空间相关的电离层延迟误差。可利用已计算出的双差载波相位观测值的电离层延迟误差,通过式(4.3)估计出电离层延迟误差的空间相关模型的系数。确定式(4.3)中的各系数后,就可计算出新升起卫星的双差电离层延迟误差。

新升起卫星或是模糊度待定卫星的对流层延迟误差,可以利用基准站网计算出的对流层延迟误差计算得到。对流层延迟误差能够通过天顶对流层延迟误差和与高度角相关的投影函数计算出来,而天顶对流层延迟误差可以假设为一阶高斯-马尔可夫过程或是随机游走过程。由于基准站上的多路径效应可以忽略,对于已固定了整周模糊度的卫星,如果使用精密轨道(或是实时预报轨道),再加上基准站的坐标准确已知,以及 L1 和 L2 载波相位的整周模糊度准确确定,可以根据

式(4.1)消除电离层延迟误差计算出高精度的双差对流层延迟误差，通过双差对流层延迟误差能够估算出天顶对流层延迟误差。新升起卫星或模糊度待定卫星的对流层延迟误差，可根据与高度角相关的投影函数和天顶对流层延迟误差计算得到。综上所述，电离层延迟误差和对流层延迟误差模型化完成之后，就能够估算新升起卫星或模糊度待定卫星的电离层延迟误差和对流层延迟误差，然后利用计算出的大气延迟误差准确确定这些卫星的宽巷模糊度和窄巷模糊度。

这种基准站网载波相位整周模糊度实时解算方法是利用先前历元的大气延迟误差来实时确定基准站网当前历元的整周模糊度。所以，该方法不足之处是需要利用先前历元模糊度已经固定的条件。

4.1.2　基准站间基线整周模糊度单历元搜索方法

高星伟等(2002)提出了网络 RTK 基准站间基线整周模糊度单历元搜索法，该方法的主要思想是不求解方程组，直接利用基准站坐标已知、模糊度为整数和双频整周模糊度之间的线性关系这三个条件进行载波相位模糊度搜索。单历元整周模糊度搜索法主要分为三步：一是误差消除与计算，主要计算对流层延迟误差；二是载波相位模糊度备选值的选取；三是载波相位整周模糊度的确定。

1. 误差消除与计算

由式(2.15)可得到基准站 A、B 上卫星 p、q 的 L1、L2 载波相位的双差观测方程

$$\lambda_1 \cdot \Delta\nabla\Phi_{1\,AB}^{\;pq} = \Delta\nabla\rho_{AB}^{pq} - \lambda_1 \cdot \Delta\nabla N_{1\,AB}^{\;pq} + \Delta\nabla o_{AB}^{pq} - \Delta\nabla I_{1\,AB}^{\;pq} + \Delta\nabla \mathrm{Trop}_{AB}^{pq} + \Delta\nabla m^{\Phi_1}{}_{AB}^{pq} + \Delta\nabla\varepsilon'_{\Phi_1} \tag{4.4}$$

$$\lambda_2 \cdot \Delta\nabla\Phi_{2\,AB}^{\;pq} = \Delta\nabla\rho_{AB}^{pq} - \lambda_2 \cdot \Delta\nabla N_{2\,AB}^{\;pq} + \Delta\nabla o_{AB}^{pq} - \Delta\nabla I_{2\,AB}^{\;pq} + \Delta\nabla \mathrm{Trop}_{AB}^{pq} + \Delta\nabla m^{\Phi_2}{}_{AB}^{pq} + \Delta\nabla\varepsilon'_{\Phi_2} \tag{4.5}$$

基准站的坐标是精确已知的，所以式(4.4)、式(4.5)中双差几何距离计算值 $\Delta\nabla\rho_{AB}^{pq}$ 精度很高，可以认为是已知值。$\Delta\nabla\varepsilon'_{\Phi}$ 在基准站上可以忽略。所以，双差载波相位观测方程中包括了对流层延迟误差、电离层延迟误差和多路径效应误差。对于多路径效应误差而言，由于基准站都选址在地势比较高并且四周开阔的地方，采用的硬件设备也比较先进，接收机一般都使用抗多路径天线，所以，多路径效应影响很小，可以不考虑多路径效应误差的影响。对于对流层延迟误差可以使用对流层延迟误差改正模型进行误差改正。

2. 确定整周模糊度备选值

在式(4.4)、式(4.5)中，设常数项为

$$l_1 = \lambda_1 \cdot \Delta\nabla\Phi_{1\,AB}^{\;pq} - \Delta\nabla\rho_{AB}^{pq} - \Delta\nabla\ \mathrm{Trop}_{AB}^{pq} \tag{4.6}$$

$$l_2 = \lambda_2 \cdot \Delta\nabla\Phi_{2\,AB}^{\;pq} - \Delta\nabla\rho_{AB}^{pq} - \Delta\nabla\ \mathrm{Trop}_{AB}^{pq} \tag{4.7}$$

则由式(4.4)和式(4.5)，可得

$$f_1^2 \cdot (l_1 - \lambda_1 \cdot \Delta\nabla N_{1\,AB}^{\ pq}) = f_2^2 \cdot (l_2 - \lambda_2 \cdot \Delta\nabla N_{2\,AB}^{\ pq}) \tag{4.8}$$

整理后有

$$\Delta\nabla N_{2\,AB}^{\ pq} = \frac{\lambda_2}{\lambda_1} \cdot \Delta\nabla N_{1\,AB}^{\ pq} - \frac{\lambda_2}{\lambda_1^2} \cdot l_1 + \frac{1}{\lambda_2} \cdot l_2 \tag{4.9}$$

令

$$\left.\begin{aligned} & k = \frac{\lambda_2}{\lambda_1} = \frac{77}{60} = 1.28\dot{3} \\ & b = \frac{\lambda_2}{\lambda_1^2} \cdot l_1 + \frac{1}{\lambda_2} \cdot l_2 \\ & \widetilde{N}_1 = \Delta\nabla N_{1\,AB}^{\ pq},\ \widetilde{N}_1 \in \mathbb{Z} \\ & \widetilde{N}_2 = \Delta\nabla N_{2\,AB}^{\ pq},\ \widetilde{N}_2 \in \mathbb{Z} \end{aligned}\right\} \tag{4.10}$$

式(4.9)可以简化为

$$\widetilde{N}_2 = k\widetilde{N}_1 + b, \quad \widetilde{N}_1、\widetilde{N}_2 \in \mathbb{Z} \tag{4.11}$$

式(4.11)给出了基准站 A、B 上 L1 和 L2 载波相位模糊度的关系式，任一给定的 $\widetilde{N}_1$，有唯一的 $\widetilde{N}_2$ 与之相对应。直线 $\widetilde{N}_2 = k\widetilde{N}_1 + b$ 与 $\widetilde{N}_1$、$\widetilde{N}_2 \in \mathbb{Z}$ 的交点就是 L1 和 L2 载波相位模糊度的备选值。由于直线方程的斜率为 $k=77/60$，所以理论上 L1 和 L2 载波相位模糊度的备选值有无穷多对，并且具有周期性，即 L1 的整周模糊度变化 60 周，L2 的整周模糊度变化 77 周。而在实际应用当中，由于误差的残差影响和载波相位测量精度的限制，完全符合方程式的 L1 和 L2 整周模糊度的备选值是找不到的。在载波相位测量精度一定的情况下，该方程还受多种误差的消除和计算精度的影响。对于几十千米的基准站间距，除电离层延迟误差外，双差的各种残余误差一般可精确到几个厘米甚至更高。因此，在实际使用当中，可直接按照式(4.11)找出 L1 和 L2 载波相位的整周模糊度备选值。

3. 确定整周模糊度

理论上，该方法不存在载波相位模糊度的确定问题，因为对 L1 载波相位而言，整周模糊度备选值的重复周期为 60 周，即在 L1 载波相位模糊度初值左右 30 周范围内只有一个整周模糊度备选值，模糊度初值与所求整周模糊度之差就是双差电离层延迟误差，因为双差电离层延迟误差不可能达到 30 周，因此该整周模糊度备选值即为所求整周模糊度。但实际应用当中，由于各种观测误差的计算或消除的精度有限，不可能得到上述理想结果。这种情况下，确定载波相位整周模糊度的方法有三种：

第一种：假设法。假设在基准站间距离不是很长（一般为几十千米或更短）的情况下，电离层延迟误差对 L1 载波相位观测值的双差误差影响小于 L1 载波相位整周模糊度备选值的重复周期的一半，所以只有一对 L1 和 L2 载波相位整周模糊度所对应的双差电离层延迟误差小于整周模糊度备选值重复周期的一半，即为所要求出的载波相位整周模糊度。

第二种：伪距 P 码法。用误差改正模型计算出的双差对流层延迟误差改正双差 P 码伪距观测值，然后减去基准站与卫星之间的双差几何距离计算值，即是双差伪距电离层延迟误差 I，以 L1 载波上的观测值为例，具体计算公式为

$$I=\Delta\nabla P_{1\,AB}^{\;pq}-\Delta\nabla\rho_{AB}^{pq}-\Delta\nabla\ \mathrm{Trop}_{AB}^{pq} \tag{4.12}$$

与该延迟误差最接近的电离层延迟误差计算值所对应的整周模糊度备选值即为正确的载波相位整周模糊度值。

第三种：回代法。将选出的几个整周模糊度备选值回带到双差载波相位观测方程，然后进行无电离层组合，可以精确得到电离层延迟误差以外的所有与频率无关的误差影响，其中主要是对流层延迟误差，取与使用对流层延迟误差改正模型计算结果最接近的一组整周模糊度，即为正确的载波相位整周模糊度备选值。

与传统的整周模糊度解算方法相比，该方法不需要解算方程组，从而避免了单历元观测方程组秩亏的影响，并且快速、简单、实用，因为是单历元模糊度搜索，所以不受周跳和电离层突变的影响。但是以对流层延迟误差为主的非色散性误差对该方法的影响比较大。

4.1.3　基准站整周模糊度确定的三步法

唐卫明等(2007)提出了使用三步法确定网络 RTK 基准站间双差整周模糊度，该方法由宽巷整周模糊度、窄巷整周模糊度到载波相位整周模糊度逐步固定地确定基准站间的双差整周模糊度。具体计算过程如下。

1. 确定双差宽巷整周模糊度

首先利用 Melbourne-Wübbena 组合(M-W 组合)观测值计算双差宽巷整周模糊度的初值，由式(2.60)、式(2.61)可得双差 M-W 组合观测值为

$$\Delta\nabla L_6=\frac{(f_1\Delta\nabla P_1+f_2\Delta\nabla P_2)}{f_1+f_2}-\frac{(c\cdot\Delta\nabla\Phi_1/f_1-c\cdot\Delta\nabla\Phi_2/f_2)}{f_1-f_2} \tag{4.13}$$

则双差宽巷模糊度值为

$$\Delta\nabla N_{\mathrm{W}}=\frac{(f_1-f_2)\cdot\Delta\nabla L_6}{c} \tag{4.14}$$

式(4.13)中，双差 M-W 组合观测值可以分成两部分，即双差宽巷观测值 $\Delta\nabla L_{\mathrm{WL}}$ 和 P_1、P_2 的平均值 $\Delta\nabla P_6$

$$\Delta\nabla L_{\mathrm{WL}}=\frac{c\cdot\Delta\nabla\Phi_1/f_1-c\cdot\Delta\nabla\Phi_2/f_2}{f_1-f_2} \tag{4.15}$$

$$\Delta\nabla P_6=\frac{f_1\Delta\nabla P_1+f_2\Delta\nabla P_2}{f_1+f_2} \tag{4.16}$$

式(4.15)、式(4.16)中,$\Delta\nabla L_{WL}$ 和 $\Delta\nabla P_6$ 不受卫星轨道误差和测站坐标的影响,对流层延迟误差、卫星钟差、接收机钟差对载波相位和伪距观测值的影响一致,并且电离层延迟误差相同。因此,式(4.14)只受观测噪声的影响,可通过多个历元取平均值计算双差宽巷整周模糊度。

由 2.4.2 节中介绍的无电离层组合,可得载波相位的双差无电离层组合观测值 $\Delta\nabla\Phi_3$(以周为单位)为

$$\Delta\nabla\Phi_3=\Delta\nabla\Phi_1-\frac{f_1}{f_2}\cdot\Delta\nabla\Phi_2 \tag{4.17}$$

双差伪距无电离层组合观测值为

$$\Delta\nabla P_3=\frac{f_1^2\Delta\nabla P_1-f_2^2\Delta\nabla P_2}{f_1^2-f_2^2} \tag{4.18}$$

由式(4.17)、式(4.18)可以求出载波相位无电离层组合的模糊度

$$\Delta\nabla N_3=\Delta\nabla P_3/\lambda_3-\Delta\nabla\Phi_3 \tag{4.19}$$

λ_3 为式(4.17)中无电离层载波相位观测值的波长。比较 $\Delta\nabla P_3$、$\Delta\nabla P_6$ 之间的噪声关系

$$\Delta\nabla P_3\approx 2.545\,7\cdot\Delta\nabla P_1-1.545\,7\cdot\Delta\nabla P_2 \tag{4.20}$$

$$\Delta\nabla P_6\approx 0.562\,0\cdot\Delta\nabla P_1+0.438\,0\cdot\Delta\nabla P_2 \tag{4.21}$$

假设 $\Delta\nabla P_1$ 和 $\Delta\nabla P_2$ 的噪声均为 σ_P,则由误差传播定律有

$$\sigma_{P_3}\approx 2.978\sigma_P \qquad \sigma_{P_6}\approx 0.713\sigma_P \tag{4.22}$$

从式(4.22)中可以看出,M-W 组合观测值中伪距平均值 $\Delta\nabla P_6$ 的噪声是无电离层组合 $\Delta\nabla P_3$ 噪声的 1/4 倍。双差载波相位无电离层组合的观测方程为

$$\lambda_3\cdot\Delta\nabla\Phi_3=\Delta\nabla\rho-\lambda_3\cdot\Delta\nabla N_3+\Delta\nabla o+\Delta\nabla\,\mathrm{Trop} \tag{4.23}$$

如果基准站使用精度为 0.5 m 的精密预报轨道,对于 200 km 的基线而言,卫星轨道误差大小仅为 5 mm,可以忽略不计。因此,式(4.23)可以简化为

$$\Delta\nabla N_3=(\Delta\nabla\rho+\Delta\nabla\,\mathrm{Trop})/\lambda_3-\Delta\nabla\Phi_3 \tag{4.24}$$

设由式(4.19)计算出的无电离层组合模糊度为 $\Delta\nabla N_3^0$,两者求差就可得模糊度差值 $d_{\Delta\nabla N_3}$ 为

$$d_{\Delta\nabla N_3}=|\Delta\nabla N_3^0-\Delta\nabla N_3| \tag{4.25}$$

$d_{\Delta\nabla N_3}$ 不但能够表示 $\Delta\nabla P_3$ 的噪声大小,同时还可以表示 $\Delta\nabla P_6$ 的噪声大小,也就是表示出了利用 M-W 组合观测值计算出的宽巷模糊度的精度,并确定其搜索范围。

得到双差宽巷模糊度的计算值,并确定模糊度搜索空间以后,利用几何距离反算模糊度对宽巷模糊度进行检查。影响宽巷模糊度确定的主要因素是电离层延迟误差和其他误差的残差 δ、观测噪声 $\Delta\nabla\varepsilon'_{\Phi_{WL}}$ 的综合影响。如果有

$$|\delta+\Delta\nabla\varepsilon'_{\Phi_{WL}}+\Delta\nabla I_{WL}|<\lambda_{WL}/2\approx 0.43\ \mathrm{m} \tag{4.26}$$

式(4.26)中的主要影响因素为双差电离层延迟误差 $\Delta\nabla I_{WL}$。假设 $\delta+\Delta\nabla\varepsilon'_{\Phi_{WL}}+\Delta\nabla I_{WL}\approx\Delta\nabla I_{WL}$,则双差宽巷模糊度可以直接用下式求出

$$\Delta\nabla N_{WL}=\mathrm{Round}((\Delta\nabla\rho+\Delta\nabla\ \mathrm{Trop})/\lambda_{WL}-\Delta\nabla\ \Phi_{WL}) \tag{4.27}$$

式中,Round 为取整函数。如果基线距离较长时,可以把范围扩大到左右一周进行搜索,则有

$$|\delta+\Delta\nabla\varepsilon'_{\Phi_{WL}}+\Delta\nabla I_{WL}|<3\lambda_{WL}/2\approx1.23\ \mathrm{m} \tag{4.28}$$

2. 确定双差窄巷整周模糊度

如果双差宽巷整周模糊度准确确定,则双差宽巷载波相位观测值的电离层延迟误差可以表示为

$$\Delta\nabla I_{WL}=(\Delta\nabla\Phi_{WL}+\Delta\nabla N_{WL})\cdot\lambda_{WL}-\Delta\nabla\rho-\Delta\nabla\ \mathrm{Trop}-\delta-\Delta\nabla\varepsilon'_{\Phi_{WL}} \tag{4.29}$$

利用式(4.29)可以计算出较高精度的双差电离层延迟误差。宽巷组合观测值与窄巷组合观测值具有大小相同且符号相反的电离层延迟误差,把 $\Delta\nabla I_{WL}$代入下式可求解双差窄巷整周模糊度

$$\Delta\nabla N_{NL}=\mathrm{Round}((\Delta\nabla\rho+\Delta\nabla\ \mathrm{Trop}-\Delta\nabla I_{WL})/\lambda_{NL}-\Delta\nabla\Phi_{NL}) \tag{4.30}$$

式中,$\Delta\nabla\Phi_{NL}$为双差窄巷载波相位组合观测值。$\Delta\nabla N_{WL}$与 $\Delta\nabla N_{NL}$具有同奇同偶性。式(4.30)计算出的双差窄巷整周模糊度为 $\Delta\nabla N^0_{NL}$,如果 $\Delta\nabla N^0_{NL}$与 $\Delta\nabla N_{WL}$奇偶性不对应,则把整周模糊度备选值在左右变化一周,即有

$$\Delta\nabla N_{NL}=\Delta\nabla N^0_{NL}\pm1 \tag{4.31}$$

3. 确定双差载波相位整周模糊度

L1 和 L2 载波相位观测值的双差整周模糊度可使用下式计算得到

$$\Delta\nabla N_1=(\Delta\nabla N_{WL}+\Delta\nabla N_{NL})/2 \tag{4.32}$$

$$\Delta\nabla N_2=\Delta\nabla N_1-\Delta\nabla N_{WL} \tag{4.33}$$

为了保证载波相位整周模糊度确定的准确性,可以使用 4.1.2 节中的整周模糊度间的线性关系进行检验,通过检验的则认为该载波相位整周模糊度的解算结果为正确的。

三步法不需线性化,不需求解方程组,双差观测值之间相互独立,且解算速度快、可靠性高。

§4.2　长距离网络 RTK 基准站整周模糊度的单历元解算

如果使用常用的基准站整周模糊度确定方法来解算长距离网络 RTK 基准站的整周模糊度,则需要较长时间的观测数据,还需对观测值的周跳进行探测和修复。因此,在网络 RTK 基准站间基线整周模糊度单历元搜索方法的基础上,发展了一种长距离网络 RTK 基准站整周模糊度单历元解算方法。该方法首先利用载波相位整周模糊度间的线性约束关系对双差宽巷整周模糊度进行搜索。为了减小

非色散性误差残差对载波相位整周模糊度解算的影响，采用了一种新的根据高度角重新选择基准卫星的方法。然后根据双差宽巷整周模糊度选取双频载波相位整周模糊度的备选组合，利用基准站非色散性误差残差的计算值对双差载波相位整周模糊度进行搜索和确定。

4.2.1　双差载波相位整周模糊度间的线性约束关系

通常情况下，基准站都设在比较开阔的地方，所以可忽略多路径效应误差的影响，根据式(2.15)可得基准站 A、B 对于卫星 p、q 的 L1、L2 双差载波相位观测方程可表示为

$$\frac{c}{f_1}\nabla\Delta\Phi_{1AB}^{\ pq}=\nabla\Delta\rho_{AB}^{pq}-\frac{c}{f_1}\nabla\Delta N_{1AB}^{\ pq}-\frac{\nabla\Delta I_{0AB}^{\ pq}}{f_1^2}+\nabla\Delta\mathrm{Trop}_{AB}^{pq}+\nabla\Delta\varepsilon_{1AB}^{\ pq}\tag{4.34}$$

$$\frac{c}{f_2}\nabla\Delta\Phi_{2AB}^{\ pq}=\nabla\Delta\rho_{AB}^{pq}-\frac{c}{f_2}\nabla\Delta N_{2AB}^{\ pq}-\frac{\nabla\Delta I_{0AB}^{\ pq}}{f_2^2}+\nabla\Delta\mathrm{Trop}_{AB}^{pq}+\nabla\Delta\varepsilon_{2AB}^{\ pq}\tag{4.35}$$

Trop 可以通过对流层延迟模型改正或其他方法进行消除或削弱。式(4.34)和式(4.35)中都含有电离层误差项$\nabla\Delta I_{0AB}^{\ pq}$，用$\nabla\Delta\eta_{AB}^{pq}$表示 Trop 经对流层延迟模型改正后的残差，则有

$$\nabla\Delta\eta_{AB}^{pq}=\nabla\Delta\mathrm{Trop}'^{pq}_{AB}-\nabla\Delta\mathrm{Trop}_{AB}^{pq}\tag{4.36}$$

式中，$\nabla\Delta\mathrm{Trop}'^{pq}_{AB}$表示对流层延迟误差的计算值。整理后得到双频载波相位整周模糊度间的一种线性关系

$$\nabla\Delta N_{2AB}^{\ pq}=\frac{f_1}{f_2}\cdot\nabla\Delta N_{1AB}^{\ pq}-\nabla\Delta l_{AB}^{pq}-\nabla\Delta\omega_{AB}^{pq}\tag{4.37}$$

式中，各项以周为单位

$$\nabla\Delta l_{AB}^{pq}=\nabla\Delta\Phi_{2AB}^{\ pq}-\frac{f_1}{f_2}\nabla\Delta\Phi_{1AB}^{\ pq}-\frac{f_2^2-f_1^2}{c\cdot f_2}(\nabla\Delta\rho_{AB}^{pq}+\nabla\Delta\mathrm{Trop}'^{pq}_{AB})\tag{4.38}$$

$$\nabla\Delta\omega_{AB}^{pq}=\frac{f_2^2-f_1^2}{c\cdot f_2}\cdot\nabla\Delta\eta_{AB}^{pq}+\frac{f_1^2\cdot\nabla\Delta\varepsilon_{1AB}^{\ pq}-f_2^2\ \nabla\Delta\varepsilon_{2AB}^{\ pq}}{c\cdot f_2}\tag{4.39}$$

因为长距离网络 RTK 基准站的坐标是准确已知的，$\nabla\Delta\rho_{AB}^{pq}$可以精确计算，所以$\nabla\Delta l_{AB}^{pq}$是常数项，$\nabla\Delta\omega_{AB}^{pq}$为残余误差和观测噪声。式(4.37)是表示整周模糊度$\nabla\Delta N_{2AB}^{\ pq}$与$\nabla\Delta N_{1AB}^{\ pq}$间线性约束关系的直线形式，可令直线斜率为 $k=f_1/f_2=77/60=1.28\dot{3}$。根据 4.1.2 节中介绍的内容，从式(4.9)～式(4.11)可以看出，式(4.37)表示的线性约束关系式与式(4.9)是相同的。

另外，将式(4.34)与式(4.35)相减，可以消除$\nabla\Delta\mathrm{Trop}_{AB}^{pq}$及$\nabla\Delta\rho_{AB}^{pq}$的计算值，经整理后则可得双频载波相位模糊度间的另一种线性约束关系

$$\nabla\Delta N_{2AB}^{\ pq}=\frac{f_2}{f_1}\cdot\nabla\Delta N_{1AB}^{\ pq}-\nabla\Delta l_{IAB}^{\ pq}-\nabla\Delta\omega_{IAB}^{\ pq}\tag{4.40}$$

式中

$$\nabla\Delta l_{I\,AB}^{\;pq}=\nabla\Delta\Phi_{2\,AB}^{\;pq}-\frac{f_2}{f_1}\cdot\nabla\Delta\Phi_{1\,AB}^{\;pq}-\frac{f_2^2-f_1^2}{c\cdot f_1^2\cdot f_2}\cdot\nabla\Delta I_{0\,AB}^{\;pq} \tag{4.41}$$

$$\nabla\Delta\omega_{I\,AB}^{\;pq}=\frac{f_2^2-f_1^2}{c\cdot f_1^2\cdot f_2}\cdot\nabla\Delta\xi_{AB}^{pq}+\frac{f_2}{c}(\nabla\Delta\varepsilon_{1\,AB}^{\;pq}-\nabla\Delta\varepsilon_{2\,AB}^{\;pq}) \tag{4.42}$$

式中，$\nabla\Delta\xi_{AB}^{pq}$ 为电离层延迟误差高阶项等残余误差；$\nabla\Delta\omega_{I\,AB}^{\;pq}$ 为残余误差和观测噪声的综合影响。式(4.40)是表示模糊度 $\nabla\Delta N_{2\,AB}^{\;pq}$ 与 $\nabla\Delta N_{1\,AB}^{\;pq}$ 间线性约束关系的直线形式，可令直线斜率为 $k_I=f_2/f_1=60/77\approx0.779\,22$。

4.2.2　双差宽巷整周模糊度的确定

1. M-W 组合计算双差宽巷整周模糊度的初值

基准站间的双差宽巷整周模糊度初值可由 P 码伪距和载波相位观测值的 M-W 组合按下式计算得到

$$\nabla\Delta MW_{AB}^{pq}=\frac{(c\cdot\nabla\Delta\Phi_{1\,AB}^{\;pq}-c\cdot\nabla\Delta\Phi_{2\,AB}^{\;pq})}{(f_1-f_2)}-\frac{(f_1\nabla\Delta P_{1\,AB}^{\;pq}+f_2\nabla\Delta P_{2\,AB}^{\;pq})}{(f_1+f_2)} \tag{4.43}$$

$$\nabla\Delta N_{W\,AB}^{\;pq}=\frac{(f_1-f_2)\cdot\nabla\Delta MW_{AB}^{pq}}{c} \tag{4.44}$$

式中，$\nabla\Delta P_{1\,AB}^{\;pq}$、$\nabla\Delta P_{2\,AB}^{\;pq}$ 为双差伪距观测值；$\nabla\Delta MW_{AB}^{pq}$ 为双差 M-W 组合观测值；$\nabla\Delta N_{W\,AB}^{\;pq}$ 为双差宽巷模糊度；其他符号与式(4.34)、式(4.35)相同。M-W 组合观测值消除了电离层延迟误差、对流层延迟误差、卫星钟差、接收机钟差和几何距离的计算值等因素的影响，不受测站间距离限制，只受观测噪声的影响，因此，适用于长距离基准站的双差宽巷模糊度初值的计算。

2. 双差宽巷模糊度的搜索

正确的双频模糊度备选值满足上述两个线性约束关系。式(4.40)表示的线性约束关系主要受双差电离层延迟误差的影响。式(4.37)表示的线性约束关系不受电离层延迟一阶项的影响，主要是包含对流层残差和轨道误差等非色散性误差的影响。对于式(4.37)，如果各种误差和残差完全消除，则该线性关系的约束下，$\nabla\Delta N_{1\,AB}^{\;pq}$ 备选值变化 60 周，$\nabla\Delta N_{2\,AB}^{\;pq}$ 备选值将变化 77 周，与之对应的双差宽巷模糊度会变化 17 周。实际上由于误差并不能完全消除，所以这个约束关系是由比值与 1.283 近似或非常近似的两个整数表示的，也能表示出双差宽巷模糊度备选值的变化周期。例如 14/11≈1.272 7，即 $\nabla\Delta N_{1\,AB}^{\;pq}$ 变化 11 周，$\nabla\Delta N_{2\,AB}^{\;pq}$ 变化 14 周，同时宽巷模糊度变化的周期为 14-11=3。由式(4.34)和式(4.35)经过对流层延迟模型改正后直接计算得到 $\nabla\Delta N_{1\,AB}^{\;pq}$、$\nabla\Delta N_{2\,AB}^{\;pq}$ 的初值，给定两者的搜索范围，在搜索范围内确定双频模糊度的备选值。并由双频模糊度搜索范围内的模糊度值构成了一个如图 4.1 所示的二维模糊度搜索空间。

求出双差宽巷模糊度的初值以后，给定模糊度的搜索范围，按照模糊度备选值的变化周期确定宽巷整周模糊度备选值。根据下式可由宽巷整周模糊度值计算出双差宽巷电离层延迟误差。

$$\nabla\Delta I_{W\,AB}^{\ pq}=\nabla\Delta\rho_{AB}^{pq}-\frac{c}{f_W}\nabla\Delta N_{W\,AB}^{\ pq}-\frac{c}{f_W}\nabla\Delta\Phi_{W\,AB}^{\ pq}+\nabla\Delta\mathrm{Trop}_{AB}^{pq}+\nabla\Delta\varepsilon_{W\,AB}^{\ pq} \tag{4.45}$$

与频率无关的双差电离层延迟误差，可由下式计算

$$\nabla\Delta I_{0\,AB}^{\ pq}=-f_1^3\cdot\nabla\Delta I_{W\,AB}^{\ pq}/f_2 \tag{4.46}$$

利用式(4.45)、式(4.46)，每个宽巷整周模糊度备选值可计算出相应的双差电离层延迟误差，并代入式(4.40)，得到多个双频模糊度间线性约束关系的直线方程式。但其中只有一条直线关系是正确的，即正确宽巷整周模糊度对应的直线关系式。假如双差宽巷整周模糊度的搜索空间有三个备选值，得到三条直线 I_1、I_2、I_3，单历元宽巷模糊度搜索过程如图 4.1 所示。

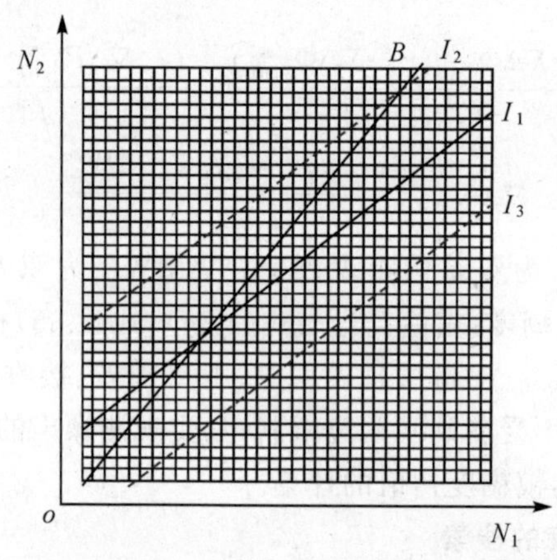

图 4.1　长距离基准站间单历元宽巷整周模糊度搜索示意

图 4.1 中直线 B 为式(4.37)表示的整周模糊度间的线性约束关系。宽巷模糊度的搜索就变成了确定 I_1、I_2、I_3 三条直线中哪一条为正确的双频模糊度间的线性约束关系。确定方法有两种：第一种方法是，利用伪距计算出双差电离层延迟误差，代入式(4.40)确定出一条直线，与之最接近的那条直线所对应的模糊度备选值即为正确的双差宽巷整周模糊度；第二种方法是，将直线 B 作为基准，根据三条直线对模糊度的约束能力进行宽巷模糊度搜索。对于当前历元的模糊度固定，直线关系 B 是唯一确定的，所以直线 B 对载波相位整周模糊度备选值的约束是确定不变的。而在三条直线中，正确直线关系式对双频模糊度的约束能力与直线 B 的约束能力是最相近的，即在模糊度搜索空间中该直线与直线 B 的位置分布最紧凑。两相交直线的夹角在搜索空间中所包含的面积大小能够反映出两直线位置分布的紧凑程度，面积越小，二者的位置关系越紧凑。图 4.1 中实线 I_1 与 B 的位置分布

最紧凑，即 I_1 所对应的模糊度备选值是正确的双差宽巷模糊度。由于宽巷模糊度具有长波长特性，整周模糊度备选值还具有周期变化，所以可以较容易地寻找出正确的宽巷整周模糊度值。

3. 宽巷模糊度的检验

对于任意两个以上的基准站所组成的闭合基线，双差整周模糊度的代数和在理论上为零。以基准站 A、B 和 C 为例，则

$$\nabla\Delta N_{W_{AB}}^{pq}+\nabla\Delta N_{W_{BC}}^{pq}+\nabla\Delta N_{W_{CA}}^{pq}=0 \tag{4.47}$$

将闭合基线的双差宽巷整周模糊度代入式(4.47)进行检验，如果满足该闭合条件则认为被检验的宽巷整周模糊度是正确的，可用于双差载波相位整周模糊度的确定。以上双差宽巷整周模糊度的搜索过程如图 4.2 所示。

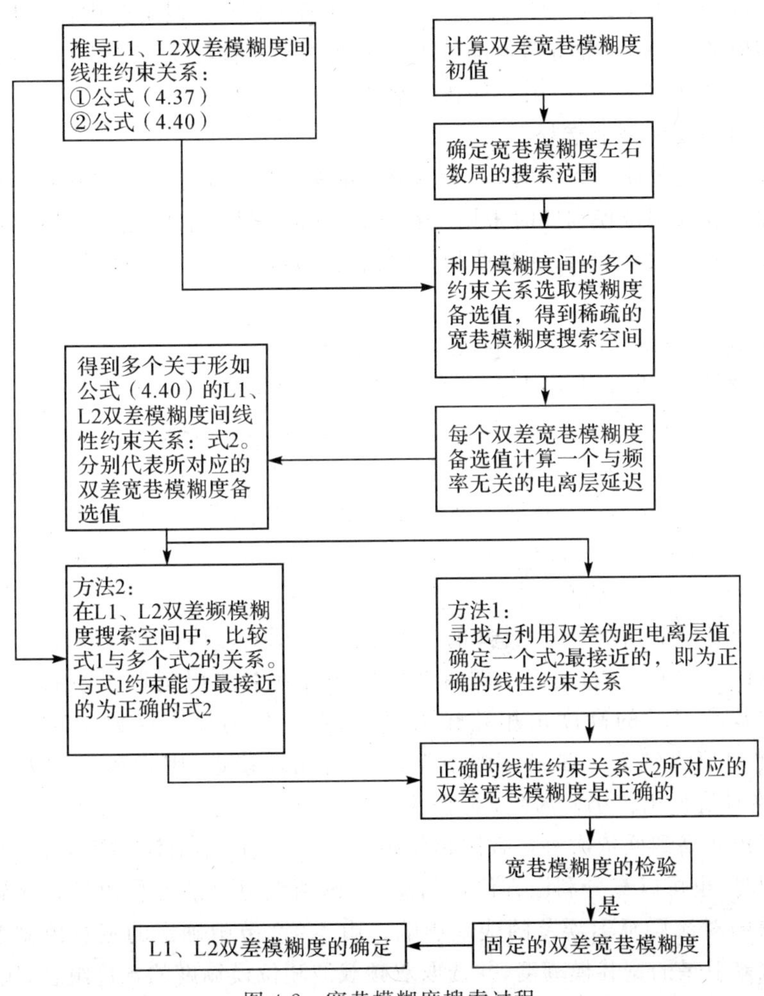

图 4.2　宽巷模糊度搜索过程

4.2.3　确定双差载波相位整周模糊度

利用双差宽巷电离层延迟误差可以得到双差载波相位电离层延迟误差的改正数。但宽巷观测值组合扩大了观测噪声，而且计算的双差电离层延迟误差包含了非色散性误差的残差。由于长距离基准站间误差相关性弱，特别是在低高度角时，双差非色散性误差的残差较大。所以，双差载波相位电离层延迟误差改正数中的残差也较大，有可能导致双差载波相位模糊度的计算误差大于模糊度的半个波长，不能直接解算得到载波相位的模糊度。因此，本书采用搜索方法对双差载波相位模糊度进行确定。宽巷模糊度固定之后，L1 载波相位备选模糊度有唯一的 L2 载波相位备选模糊度与之对应。利用固定的宽巷模糊度以及双频载波相位整周模糊度间的线性约束关系式(4.37)、式(4.40)，找出在$\nabla\Delta N_{1\,AB}^{\;pq}$搜索范围内的模糊度备选值和相应的$\nabla\Delta N_{2\,AB}^{\;pq}$的备选值即可组成载波相位模糊度的搜索空间。然后进行载波相位模糊度搜索，并使用一种新的基准卫星选择方法。

1. 基准卫星的重新选择

在进行双差观测值组合时，一般情况下都将高度角最高的卫星作为基准卫星。本书在确定载波相位模糊度时采用一种新的基准卫星选取思想，以尽量减小对流层延迟误差残差的影响，保证载波相位模糊度固定的成功率，其理论依据及实现过程如下。

基准站的坐标已知而且基准站上一般都安装有气象仪器来观测温度、气压等气象参数，所以可通过对流层模型计算对流层延迟误差。如果基准站 A、B 使用对流层模型计算的天顶对流层延迟为 ZTD'_A、ZTD'_B，设天顶对流层延迟的最优估值为 ZTD_A、ZTD_B。测站 A、B 的投影函数分别为 $mf_A(p)$、$mf_B(p)$、$mf_A(q)$、$mf_B(q)$，p 为卫星号，q 为基准卫星。则双差对流层延迟误差的残差为

$$\Delta\nabla\xi_{\mathrm{Dtrop}}=(mf_A(p)-mf_A(q))\cdot\xi_{\mathrm{ZTD}_A}-(mf_B(p)-mf_B(q))\cdot\xi_{\mathrm{ZTD}_B} \tag{4.48}$$

式中，$\xi_{\mathrm{ZTD}_A}=\mathrm{ZTD}_A-\mathrm{ZTD}'_A$；$\xi_{\mathrm{ZTD}_B}=\mathrm{ZTD}_B-\mathrm{ZTD}'_B$。

在长距离基准站间，根据已知的气象参数，利用对流层模型可以改正大部分对流层延迟误差(90%左右)，但双差观测值中还存在对流层延迟误差的残差影响。当卫星与基准卫星的高度角相差较大时，两颗卫星的投影函数差值就大，所以$\Delta\nabla\xi_{\mathrm{Dtrop}}$绝对值比较大。如果两颗卫星高度角比较接近，则投影函数差值较小，$\Delta\nabla\xi_{\mathrm{Dtrop}}$绝对值就比较小。因此，本书以高度角最接近的卫星作为基准卫星，按照卫星高度角从高到低依次解算载波相位模糊度，尽量减小对流层延迟误差的残差影响。同时，也可以充分利用方位角信息，考虑两颗卫星的方位角是否比较接近，进一步减弱对流层延迟误差的残差影响。由 4.2.2 节中确定的宽巷模糊度，可以得到新双差卫星的宽巷模糊度，并选取双频载波相位模糊度的备选组合，用于载波相位模糊度的搜索。

2. 双差载波相位模糊度的搜索

利用每个模糊度备选组合的非色散性误差残差对双差载波相位整周模糊度进行搜索，根据式(4.34)、式(4.35)，得到双差非色散性误差的计算公式

$$\nabla\Delta \mathrm{Trop}_{AB}^{pq}=\frac{c\cdot f_2\cdot\nabla\Delta l}{f_2^2-f_1^2}-\nabla\Delta\rho_{AB}^{pq} \tag{4.49}$$

式中

$$\nabla\Delta l=\nabla\Delta N_{2\,AB}^{\,pq}-\frac{f_1}{f_2}\cdot\nabla\Delta N_{1\,AB}^{\,pq}+\nabla\Delta\Phi_{2\,AB}^{\,pq}-\frac{f_1}{f_2}\nabla\Delta\Phi_{1\,AB}^{\,pq}+\nabla\Delta\omega_{AB}^{pq} \tag{4.50}$$

根据式(3.6)可知，如果使用精密快速预报轨道，对 200 km 的基线而言，双差轨道误差仅为几个毫米，可以忽略不计。如果使用 1～2 m 左右精度的广播星历，对于 100～200 km 的长基线也可以不考虑卫星轨道误差对模糊度解算的影响。因此，$\nabla\Delta \mathrm{Trop}_{AB}^{pq}$ 中主要是双差对流层延迟误差。将双频载波相位整周模糊度的备选组合代入式(4.49)，求出相应的$\nabla\Delta \mathrm{Trop}_{AB}^{pq}$，与对流层延迟误差模型计算的结果$\nabla\Delta \mathrm{Trop}'^{pq}_{AB}$ 比较得到残差 ξ，如果有

$$\xi=\nabla\Delta \mathrm{Trop}_{AB}^{pq}-\nabla\Delta \mathrm{Trop}'^{pq}_{AB},\quad |\xi|<\delta \tag{4.51}$$

式中，δ 为一限值，可根据式(4.48)由经验值得到；当残差 ξ 小于这一限值时认为该组整周模糊度备选组合为正确的双差载波相位整周模糊度。

3. 双差载波相位整周模糊度的检验

与宽巷整周模糊度的检验相同，双频载波相位整周模糊度也满足基准站网的闭合关系，即

$$\nabla\Delta N_{1\,AB}^{\,pq}+\nabla\Delta N_{1\,BC}^{\,pq}+\nabla\Delta N_{1\,CA}^{\,pq}=0 \tag{4.52}$$

$$\nabla\Delta N_{2\,AB}^{\,pq}+\nabla\Delta N_{2\,BC}^{\,pq}+\nabla\Delta N_{2\,CA}^{\,pq}=0 \tag{4.53}$$

将搜索出的载波相位整周模糊度代入上式进行检验，如果满足条件则认为是正确的。载波相位整周模糊度确定后，再将载波相位整周模糊度转换为同一颗基准卫星的双差整周模糊度，以便于进行基准站网的观测值误差计算。

这种长距离网络 RTK 基准站整周模糊度单历元解算方法充分利用了基准站坐标已知且观测条件较好、载波相位模糊度间的多个线性约束关系、双差模糊度的整数特性等条件，实现了长距离网络 RTK 基准站间的整周模糊度单历元解算。利用载波相位模糊度间的线性关系能够有效地约束双差宽巷模糊度备选值，在此基础上，使用整周模糊度间的多个线性约束关系可以准确固定双差宽巷模糊度。根据高度角重新选择基准卫星，减小了非色散性误差的残差对载波相位模糊度解算的影响。利用双差非色散性误差的残差计算结果对载波相位模糊度进行搜索，保证了载波相位模糊度解算的准确性。该方法不需要解方程组，各双差观测值之间相互独立，计算量小，模糊度的搜索速度快，长距离大范围基准站网只需一个历元即可启动，并且实用性强，可靠性好。并能够对一定截止高度角以上的低高度角

卫星进行模糊度解算，新升起卫星的模糊度固定也只需要一个历元。随着观测时间的延长，还可以根据对流层延迟误差和电离层延迟误差的变化，对所确定的载波相位整周模糊度进行可靠性判断，进一步提高算法的稳定性。

§4.3　长距离网络 RTK 基准站的整周模糊度单历元解算实验

在下列两个算例中，使用§4.2 中的长距离网络 RTK 基准站整周模糊度单历元解算方法，对长距离 CORS 网的实测数据进行单历元整周模糊度确定，检验这种基准站整周模糊度单历元解算方法，并证明该方法的正确性和可用性，能够解决长距离基准站整周模糊度的单历元解算问题。

1. 算例 1

该算例采用的数据是在渤海湾采集的，取 1 h 的观测数据，采样率 1 Hz，观测时间是 1369 周第 3 天。利用式(4.37)进行模糊度固定不受电离层延迟误差的影响，而主要受对流层延迟误差影响。渤海湾地区水汽含量较高，对流层延迟误差的湿分量大，对流层延迟误差处理比较困难，因此，首先采用一组该区域的观测数据进行长距离基准站整周模糊度单历元解算算法实验。该实验数据有 Base1、Base2、Base3 三个基准站，测站分布如图4.3 所示。

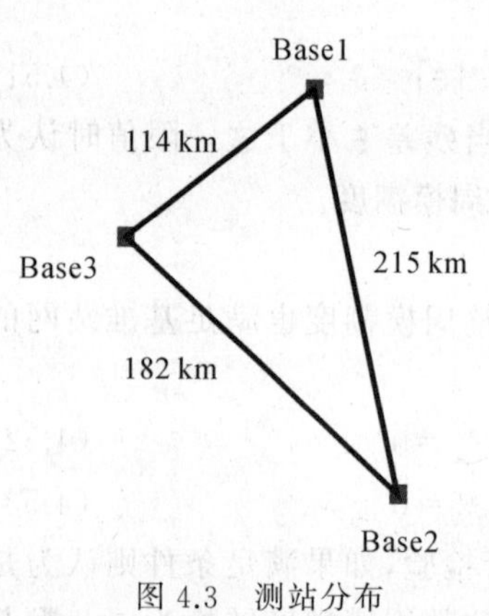

图 4.3　测站分布

按照 4.2.2 节中的方法进行双差宽巷模糊度解算，以 PRN24(基准卫星 PRN4)的第一个历元为例。按式(4.44)计算双差宽巷模糊度的初值，然后给出宽巷模糊度的搜索范围。根据载波相位模糊度间的线性约束关系选出双差宽巷模糊度的备选值，如表 4.1 所示，三条基线双差宽巷模糊度的正确值分别为：−80、100、−20。线性约束关系对模糊度约束能力的强弱随误差的残差不同而变化，因此各基线模糊度备选值的变化周期并不一致。使用 4.4.2 节中的方法确定宽巷模糊度，由每个模糊度备选值确定出相应的直线方程。对于方法一，各直线方程与伪距电离层延迟确定的直线方程间的距离，如表 4.1 中括号内第一项所示，单位为米；第二项为方法二计算的各直线与直线 B 间夹角面积的大小，单位为周的平方。方法一或方法二都可以搜索出正确的宽巷模糊度，并根据式(4.47)检验确定出的双差宽巷整周模糊度。

表 4.1　PRN24-PRN4 双差宽巷模糊度备选值

基线	双差宽巷模糊度备选值		
Base1-Base2	−82(−1.8/117.8)	−80(0.09/50.4)	−78(1.63/119.9)
Base2-Base3	98(−1.58/116.2)	100(0.14/50.3)	102(1.86/121.6)
Base3-Base1	−23(−2.35/182.1)	−20(0.23/51.2)	−17(2.81/228.4)

双差宽巷模糊度的固定是以高度角最高的 PRN4 为基准卫星，各卫星高度角变化如图 4.4 所示。以基线 Base1-Base2 第一个历元为例，按照高度角不同重新选择基准卫星后双差卫星为 17-4、24-17、2-24、23-2、13-23，双差非色散性误差的残差值可利用式(4.51)得到，残差值的计算结果比较如图 4.5 所示。

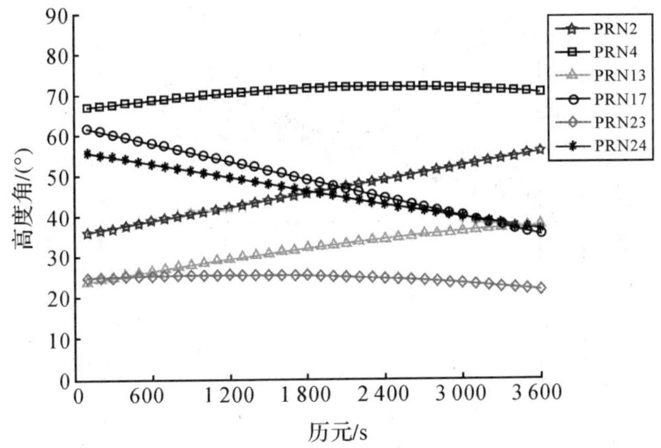

图 4.4　卫星高度角

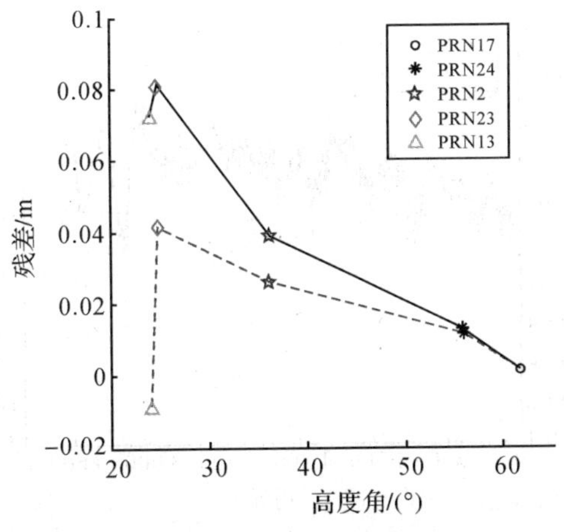

图 4.5　初始历元残差值

图 4.5 中上方黑色实线是以 PRN4 为基准卫星的双差非色散性误差的残差值,下方虚线为新双差卫星的非色散性误差的残差值。从图中可以看出,非色散性误差的残差随着高度角的降低而增大。如果以高度角最接近的卫星为基准卫星,双差残差小于以 PRN4 为基准卫星的残差,特别是低高度角卫星,残差值明显减小。§4.2 中的单历元整周模糊度解算方法确定载波相位模糊度受非色散性误差残差的影响较大,新的基准卫星选择思想可以减小残差的影响。利用式(4.39)、式(4.51)、式(4.52)可准确确定出载波相位模糊度,然后将其转化成以 PRN4 为基准卫星的双差整周模糊度,以便于进行基准站的各种误差计算。以 PRN24 为例,模糊度固定以后利用式(4.51)计算出的双差非色散性误差的残差值如图 4.6、图4.7 和图 4.8 所示。

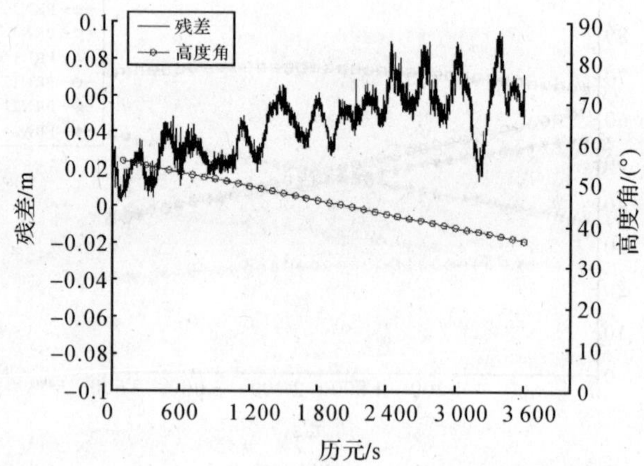

图 4.6　基线 Base1-Base2 PRN24 的非色散性误差残差序列

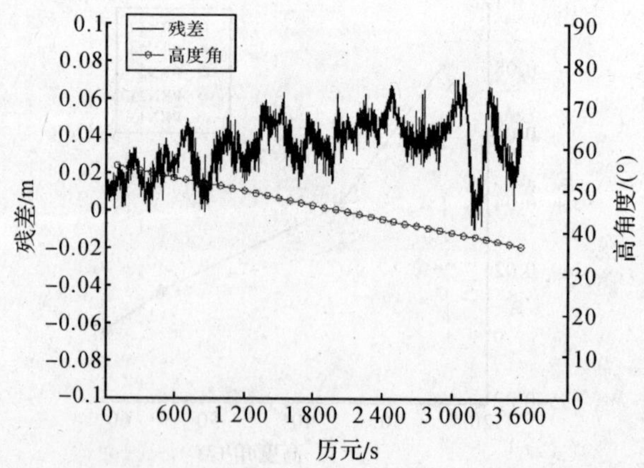

图 4.7　基线 Base3-Base2 PRN24 的非色散性误差残差序列

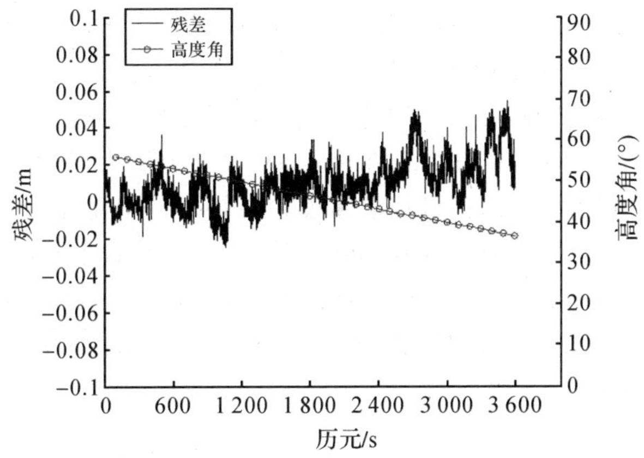

图 4.8　基线 Base1-Base3 PRN24 的非色散性误差残差序列

2. 算例 2

该算例选用的是江苏 CORS 网 1604 周第 6 天的数据，采样间隔为 15 s，观测时长为 2 h，测站分布如图 4.9 所示，其中基准站 A 与 B 相距 156 km，基准站 A 与 C 相距 167 km，基准站 B 与 C 相距 202 km。

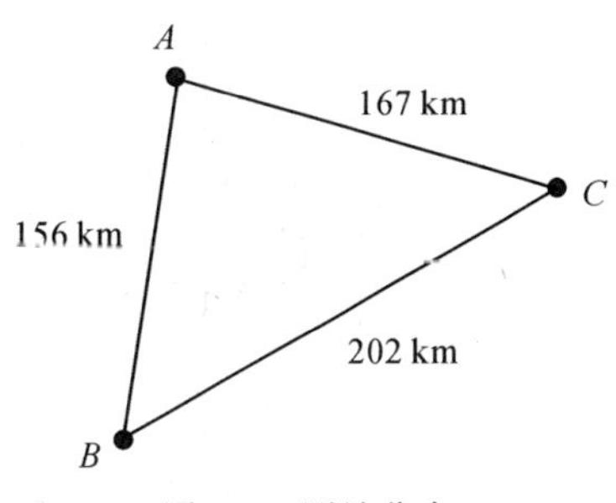

图 4.9　测站分布

对该算例的数据同样使用 4.2.2 节中的方法进行双差宽巷模糊度解算，以 PRN23(基准卫星 PRN6)的第一个历元为例，使用 M-W 组合观测值计算双差宽巷模糊度的初值，即使用式(4.44)计算模糊度初值。然后根据载波相位模糊度间的线性约束关系，在模糊度搜索空间中选出双差宽巷模糊度的备选值，如表 4.2 所示，测站的双差宽巷整周模糊度的正确值分别为：6、12、−18。使用 4.4.2 节中的方法确定宽巷模糊度，与表 4.1 相同，表 4.2 中括号内第一项和第二项分别为方法一和方法二所得的结果。可以看出，方法一或方法二都可以搜索出正确的宽巷整周模糊度，并根据式(4.47)检验确定出双差宽巷模糊度。

表 4.2　PRN23-PRN6 双差宽巷模糊度备选值

基线	双差宽巷模糊度备选值		
A-B	4(−1.851/75.71)	6(−0.131/40.41)	8(1.589/75.34)
B-C	10(−1.494/74.42)	12(0.226/40.42)	14(1.946/76.66)
C-A	−20(−1.525/76.85)	−18(0.095/40.42)	−16(1.815/74.24)

宽巷模糊度确定之后就可进行载波相位模糊度的确定，基准卫星 PRN6 和卫星 PRN23 的高度角变化如图 4.10 所示。§4.2 中的方法确定载波相位模糊度受非色散性误差的残差影响较大，新的基准卫星选择思想可以减小残差的影响。从图 4.10 中可以看出前面一些历元的两卫星高度角相差不大，符合本书基准卫星选择的思想，高度角相差较大时即可选取高度角最接近的卫星作为基准卫星。宽巷模糊度确定之后结合载波相位模糊度间的线性约束关系选取模糊度备选组合，利用式(4.39)、式(4.51)、式(4.52)可确定载波相位模糊度。PRN23-PRN6 的双差载波相位整周模糊度固定以后，利用式(4.51)计算的双差非色散性误差的残差值如图 4.11、图 4.12 和图 4.13 所示。

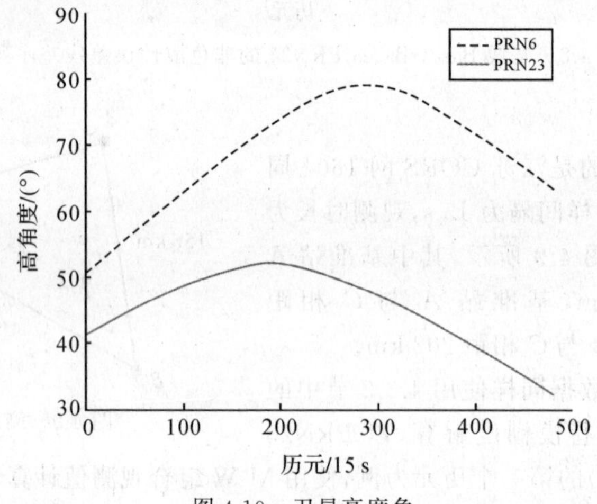

图 4.10　卫星高度角

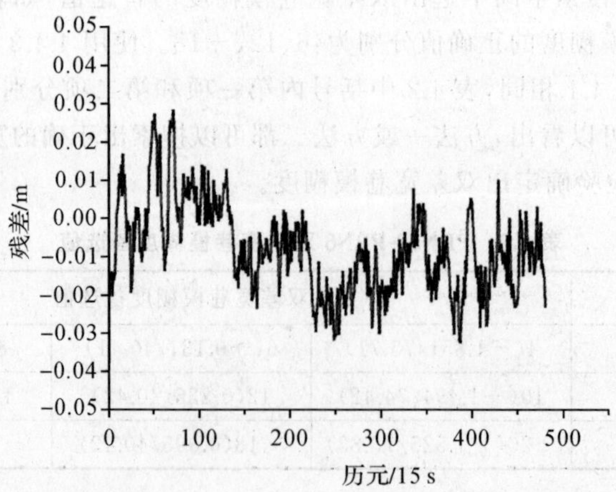

图 4.11　基线 B-A 非色散性误差残差值

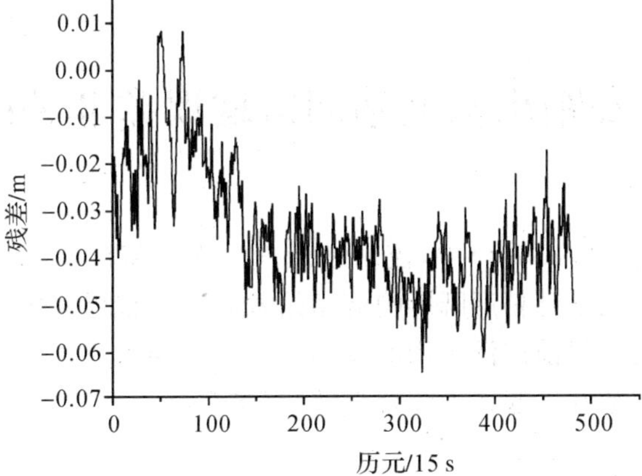

图 4.12　基线 *B-C* 非色散性误差残差值

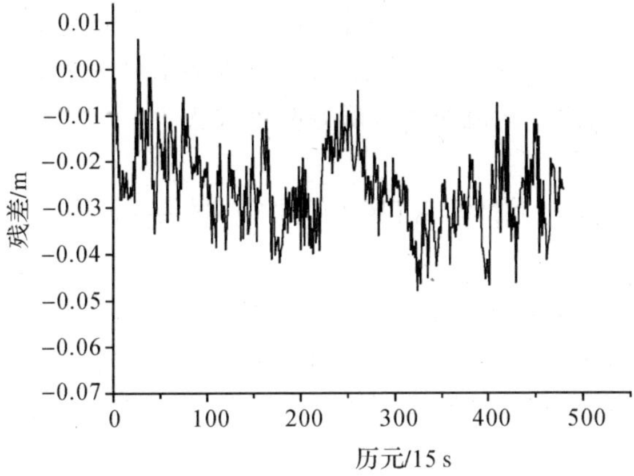

图 4.13　基线 *A-C* 非色散性误差残差值

非色散性误差主要是以对流层延迟误差为主，而天顶对流层延迟误差在短时间内的变化较小，所以双差对流层延迟误差及其残差随时间的变化与双差卫星的高度角有关。因此，双差非色散性误差的残差也主要与卫星高度角相关，一般卫星高度角越低双差非色散性误差的残差就越大，并且与基准卫星的高度角有一定的关系。而非色散性误差的残差中还包括一部分卫星轨道误差的残差影响，从图 4.6～图 4.8、图 4.11～图 4.13 中的残差计算结果和变化来看，皆符合上述规律。同时也能够表明算例 1 和算例 2 所解算的载波相位模糊度是正确的，进一步证明了载波相位模糊度确定的准确性。

第 5 章　长距离基准站间区域误差非差改正方法

在 GNSS 网络 RTK 定位中，流动站用户的观测值误差估计是十分关键的。流动站观测值误差的估计精度既影响流动站载波相位整周模糊度的解算，又影响流动站定位的精度。目前广泛应用的流动站观测值误差改正方法主要有两类：一是把各种观测误差放在一起作为综合误差，直接根据流动站相对于基准站的位置内插出综合误差的影响；二是把各种观测误差分开，单独建立误差改正模型，然后根据流动站用户在基准站网中的位置计算各种观测误差的改正数。本章首先介绍现有网络 RTK 流动站观测值的误差改正方法，这些方法主要是对流动站观测值的双差误差进行处理。然后介绍了一种新的基于非差误差改正数的区域误差改正方法，可用于长距离（100～200 km）网络 RTK 观测值的非差误差改正，主要包括伪距观测值和载波相位观测值的非差误差改正方法。

§5.1　网络 RTK 流动站误差改正方法

目前，网络 RTK 系统中常用的流动站误差改正方法主要有主辅站法、虚拟参考站法、区域误差改正参数法、综合误差内插法和改进的综合误差内插法。前三种方法是已有的国外商业化软件中使用的误差方法，由于商业机密的原因，这些流动站误差改正方法的具体实现过程和数学模型是严格保密的，只能对其方法的使用进行简单的介绍。

5.1.1　主辅站方法

主辅站方法是由瑞士的徕卡（Leica）公司基于“主辅站概念”提出的。主辅站方法的基本概念是基准站网以高度压缩的形式，将所有相关的、代表整周模糊度水平的观测数据，例如色散性的和非色散性的差分改正数，作为网络的改正数据播发给流动站用户。其数据传输过程如图 5.1 所示（吴星华，2005）。

图 5.1 中，A、B、C、D、X 五个基准站组成一个基准站网络，其中主参考站为 A，其他为辅站，以及一个数据处理中心和一个流动站用户。主辅站方法的整个过程是数据处理中心首先进行基准站网的数据处理，辅站相对于主参考站改正数差的计算，然后把主参考站改正数和辅站与主参考站改正数差发送给流动站。

为了降低基准站系统网络中数据的播发量，主辅站方法发送其中一个基准站作为主参考站的全部改正数及坐标信息，对于辅参考站，播发的是相对于主参考站的差分改正数及坐标差。主参考站与每一个辅站之间的差分信息从数量上来说要少得多，而且，能够以较少的数据量来表达这些信息。

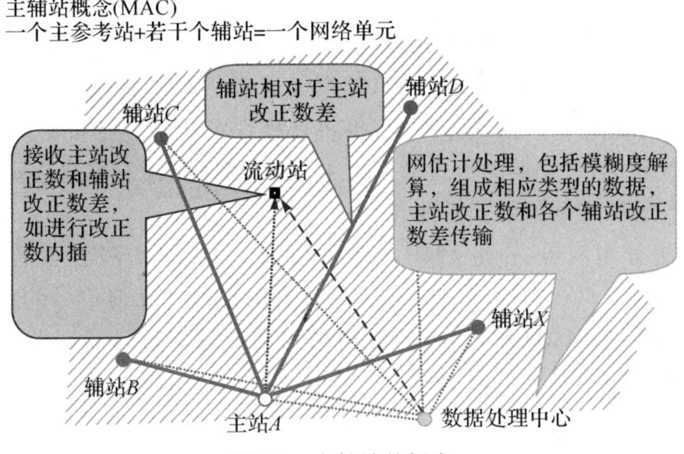

图 5.1　主辅站的概念

对于用户来说，主参考站并不要求是距离最近的那个基准站。因为主参考站仅仅是为了方便进行数据传输，在差分改正数的计算中并没有任何特殊的作用。如果由于某种原因，主参考站传来的数据不再具有有效性，或者根本无法获取主参考站的数据，那么，可以选择任何一个辅站作为主参考站。

5.1.2　虚拟参考站方法

Landau 等(2001)提出了虚拟参考站(VRS)的概念和技术。VRS 方法是通过与流动站用户相邻的几个基准站(一般是三个)之间的基线计算各项观测误差，来消除或大大削弱这些误差项对流动站定位带来的影响。数据处理中心根据流动站发来的用户近似坐标判断出该站位于哪三个基准站所组成的三角形内。然后根据插值方法建立一个对应于流动站点位的 VRS，将这个 VRS 的观测数据传输给流动站用户，流动站用户利用 VRS 的数据与自身的观测数据进行差分定位。服务区每一个流动站用户对应着一个不同的 VRS，由于 VRS 发送的是标准格式的 RTCM 信息，因此流动站用户并不需要知道基准站采用的参考模型。基准站需要根据流动站的坐标建立相应的局部改正数模型，所以，流动站用户必须将自己的概略位置坐标信息发送给数据处理中心，即流动站用户需要配备双向数据通信设备。

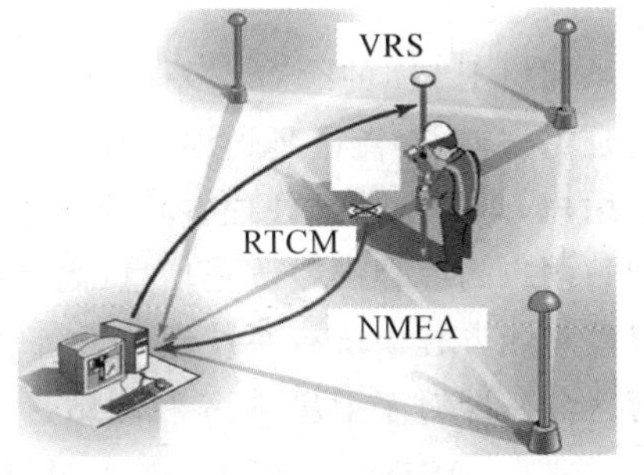

图 5.2　VRS 作业流程

利用 VRS 方法的作业流程如图 5.2

所示(Vollath,2002)。

5.1.3 区域误差改正参数法

区域误差改正参数(FKP)方法是由德国的 Geo++ GmbH 公司最早提出来的。该方法基于状态空间模型(SSM),其主要过程是数据处理中心首先计算出网内电离层延迟和几何信号的误差影响,再将这些误差影响描述成南北方向和东西方向的区域参数,并以广播的方式播发出去,最后流动站用户根据这些参数和自身的位置计算流动站观测值的误差改正数。

FKP 方法分为两步:一是 FKP 参数的拟合,二是利用 FKP 参数计算流动站用户观测值的误差。首先计算基准站网内电离层延迟和几何信号的误差影响,把这些误差影响描述成区域参数,然后流动站利用区域参数计算误差并进行改正。测站与距离相关的误差可以表示为

$$\delta r_0 = 6.37\,[N_0(\varphi-\varphi_R)+E_0(\lambda-\lambda_R)\cos(\varphi_R)] \tag{5.1}$$

$$\delta r_I = 6.37H\,[N_I(\varphi-\varphi_R)+E_I(\lambda-\lambda_R)\cos(\varphi_R)] \tag{5.2}$$

式中,N_0、E_0 为南北方向和东西方向的几何信号区域改正参数(无电离层延迟误差),单位为 1×10^{-6};N_I、E_I 分别为南北方向和东西方向的电离层信号区域误差改正数(对窄巷),单位为 1×10^{-6};φ、λ 为测站在 WGS-84 坐标下的地理坐标,单位为 rad;φ_R、λ_R 为基准站在 WGS-84 坐标下的地理坐标,单位为 rad;$H=1+16\times(0.53-E/\pi)^3$,$E$ 为卫星的高度角,单位为 rad;δr_0 为几何信号(无电离层)的距离相关误差,单位为 m;δr_I 为电离层信号(窄巷)的距离相关误差,单位为 m。

L1 和 L2 载波相位的信号距离相关误差 δr_1、δr_2 为

$$\delta r_1 = \delta r_0 + \frac{120}{154}\cdot\delta r_I \tag{5.3}$$

$$\delta r_2 = \delta r_0 + \frac{154}{120}\cdot\delta r_I \tag{5.4}$$

5.1.4 综合误差内插法

网络 RTK 的综合误差内插法在基准站网计算误差改正信息时,不区分电离层延迟误差、对流层延迟误差等误差,也不将各基准站所得到的误差改正信息都发给用户,而是由数据处理中心统一集中所有基准站观测数据,选择、计算和播发流动站用户的综合误差改正信息(高星伟,2002)。综合误差内插法用综合误差表示双差观测方程中所有系统误差的综合影响(双频载波 L1 和 L2 情况类似,不再进行区分),即对于卫星 p、q 和测站 A、B 双差,综合误差为

$$\Delta\nabla m_{AB}^{pq} = \Delta\nabla d_{\text{trop}}{}_{AB}^{pq} + \Delta\nabla d_{\text{ion}}{}_{AB}^{pq} + \Delta\nabla d_{\text{m}}{}_{AB}^{pq} + \Delta\nabla d_{\text{orb}}{}_{AB}^{pq} + \Delta\nabla\varepsilon_{AB}^{pq} \tag{5.5}$$

式中,$\Delta\nabla d_{\text{trop}}$ 为双差对流层延迟误差;$\Delta\nabla d_{\text{ion}}$ 为双差电离层延迟误差;$\Delta\nabla d_{\text{m}}$ 为双

差多路径效应误差影响；$\Delta\nabla d_{\text{orb}}$为双差卫星轨道误差影响；$\Delta\nabla\varepsilon$ 为双差残余误差及非模型化误差。

如图 5.3 所示，A、B、C 为三个基准站的编号。下式为基准站双差观测方程

$$\lambda\cdot\Delta\nabla\varphi_{AB}^{pq}=\Delta\nabla\rho_{AB}^{pq}-\lambda\cdot\Delta\nabla N_{AB}^{pq}+\Delta\nabla m_{AB}^{pq} \tag{5.6}$$

基准站的载波相位整周模糊度确定之后，由式(5.6)可得基准站的综合误差计算公式

$$\Delta\nabla m_{AB}^{pq}=\lambda\cdot\Delta\nabla\varphi_{AB}^{pq}-\Delta\nabla\rho_{AB}^{pq}+\lambda\cdot\Delta\nabla N_{AB}^{pq} \tag{5.7}$$

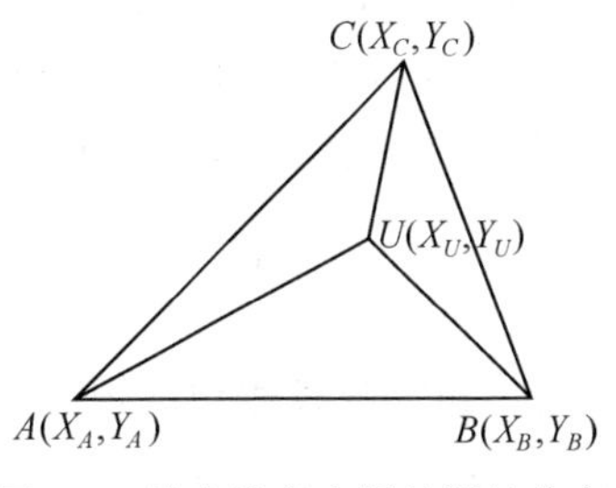

图 5.3　综合误差内插的测站分布

则流动站双差综合误差的内插公式为

$$\Delta\nabla m_{AU}^{pq}=[X_U-X_A\quad Y_U-Y_A]\cdot\begin{bmatrix}X_B-X_A & Y_B-Y_A\\ X_C-X_A & Y_C-Y_A\end{bmatrix}^{-1}\cdot\begin{bmatrix}\Delta\nabla m_{AB}^{pq}\\ \Delta\nabla m_{AC}^{pq}\end{bmatrix} \tag{5.8}$$

式中，(X_A,Y_A)、(X_B,Y_B)、(X_C,Y_C)和(X_U,Y_U)分别为基准站 A、B、C 和流动站用户 U 在平面坐标系统中的坐标。

5.1.5　改进的综合误差内插法

改进的综合误差内插方法是在综合误差内插法的基础上，分析了各种观测误差的不同特性得出的一种新的误差处理方法(唐卫明，2006)。由于基准站间的双差整周模糊度已确定，可计算高精度的双差电离层延迟误差。对于对流层延迟误差可分为两个部分，一是对流层延迟误差模型改正部分，另一是模型残差部分。图 5.3 中，对于卫星 p、q 和基准站 A、B，当基准站间整周模糊度确定以后，其综合误差影响可由式(5.7)得到。去掉测站和卫星的标志，基准站间综合误差 $\Delta\nabla m$ 可分解为

$$\Delta\nabla m=\Delta\nabla d_{\text{ion}}+\Delta\nabla d_{\text{trop}}+\delta \tag{5.9}$$

式中，$\Delta\nabla d_{\text{trop}}$为对流层延迟误差模型计算出的误差；$\Delta\nabla d_{\text{ion}}$是双差电离层延迟误差的一阶项误差；$\delta$ 为电离层延迟误差的高阶项误差、对流层延迟误差的模型误差和卫星轨道误差、观测噪声等综合影响。整理后得

$$\Delta\nabla m-\Delta\nabla d_{\text{trop}}=\Delta\nabla d_{\text{ion}}+\delta \tag{5.10}$$

$\Delta\nabla d_{\text{ion}}$与信号传播的频率有关。$\delta$ 中虽然含有电离层高阶项影响，但比较小，可认为 δ 与载波频率相关性很小而可忽略。设 $\Delta\nabla m'=\Delta\nabla m-\Delta\nabla d_{\text{trop}}$，则由式(5.7)可得新的综合误差影响公式

$$\Delta\nabla m'^{pq}_{AB}=\lambda\cdot\Delta\nabla\varphi_{AB}^{pq}-\Delta\nabla\rho_{AB}^{pq}+\lambda\cdot\Delta\nabla N_{AB}^{pq}-\Delta\nabla d_{\text{trop}AB}^{\ \ pq} \tag{5.11}$$

由式(5.10)可得

$$\Delta\nabla m' = \Delta\nabla d_{\text{ion}} + \delta \tag{5.12}$$

因此,误差可以分为两部分,一是一阶电离层延迟误差项,二是电离层高阶项误差、对流层延迟误差的模型误差和卫星轨道误差、观测噪声等综合影响。

流动站误差内插时,按照综合误差内插公式,可以求出流动站 L1 载波相位观测值的双差电离层延迟误差

$$\Delta\nabla d_{\text{ion},AU}^{\text{L1}} = [X_U - X_A \quad Y_U - Y_A] \cdot \begin{bmatrix} X_B - X_A & Y_B - Y_A \\ X_C - X_A & Y_C - Y_A \end{bmatrix}^{-1} \cdot \begin{bmatrix} \Delta\nabla d_{\text{ion},AB} \\ \Delta\nabla d_{\text{ion},AC} \end{bmatrix} \tag{5.13}$$

L2 和宽巷载波相位观测值的双差电离层延迟误差为

$$\Delta\nabla d_{\text{ion},AU}^{\text{L2}} = \frac{f_1^2}{f_2^2} \Delta\nabla d_{\text{ion},AU}^{\text{L1}} \tag{5.14}$$

$$\Delta\nabla d_{\text{ion},AU}^{\text{WL}} = -\frac{f_1}{f_2} \Delta\nabla d_{\text{ion},AU}^{\text{L1}} \tag{5.15}$$

除双差电离层延迟误差一阶项外的残余误差影响为

$$\Delta\nabla \delta_{AU} = [X_U - X_A \quad Y_U - Y_A] \cdot \begin{bmatrix} X_B - X_A & Y_B - Y_A \\ X_C - X_A & Y_C - Y_A \end{bmatrix}^{-1} \cdot \begin{bmatrix} \Delta\nabla \delta_{AB} \\ \Delta\nabla \delta_{AC} \end{bmatrix} \tag{5.16}$$

则流动站双频和宽巷载波相位观测值的误差改正数为

$$\Delta\nabla m_{AU}^{\text{L1}} = \Delta\nabla d_{\text{ion},AU}^{\text{L1}} + \Delta\nabla \delta_{AU} \tag{5.17}$$

$$\Delta\nabla m_{AU}^{\text{L2}} = \Delta\nabla d_{\text{ion},AU}^{\text{L2}} + \Delta\nabla \delta_{AU} \tag{5.18}$$

$$\Delta\nabla m_{AU}^{\text{WL}} = \Delta\nabla d_{\text{ion},AU}^{\text{WL}} + \Delta\nabla \delta_{AU} \tag{5.19}$$

§5.2 区域误差的非差改正方法

网络 RTK 定位中如果基于传统的双差模式进行双差误差改正和流动站定位,流动站用户就需要从基准站网中选择一个基准站作为主参考站进行双差观测值的组成,如果流动站在基准站网中不断地移动,有时还需要重新选择主参考站。整个基准站网按照双差模式进行误差改正,各子网独立进行双差模糊度的解算和双差误差改正数的计算,因此,基于不同子网的同一双差误差改正数是不一致的,或者说整个 CORS 网的误差改正数是不统一的。而且基准站网与流动站用户间的数据传输要消耗一些时间,流动站用户需要接收主参考站的观测数据进行双差观测值的组合,也增加了数据传输量。由于采用双差模式是基于双差误差的分析与内插,所以不便于系统误差的原始提取与分析建模。

如果在网络 RTK 中使用观测值的非差误差改正数,则流动站用户不需要选择主参考站来进行双差观测值的组合,所有基准站都一样,没有主辅之分。一个基准站上一颗卫星的改正数包含所有的误差和整数模糊度信息。各基准站的改正数是独立的,可以方便地通过网络播发和接收。利用非差误差改正数可以使网络

RTK 的作业方式更加灵活，并且兼容性好，理论上在用户端可以很方便地与 PPP 方法相统一。下面详细介绍在长距离网络 RTK 中使用的非差误差改正方法，主要包括基准站和流动站伪距观测值的非差误差改正数值计算，基准站和流动站载波相位观测值的非差误差改正数值计算及流动站的误差消除。

5.2.1 伪距观测值的非差误差改正方法

本节以 P1 伪距观测值为例，介绍伪距观测值的非差误差改正数计算和流动站改正的实现过程。如图 5.4 所示，其中测站 A、B、C 为区域基准站，U 为用户流动站，首先计算基准站伪距观测值的非差误差改正数，假设可以先忽略多路径效应的影响，则基准站 A、B、C 上的 P1 伪距观测值 P_{1A}、P_{1B}、P_{1C} 的非差观测方程为

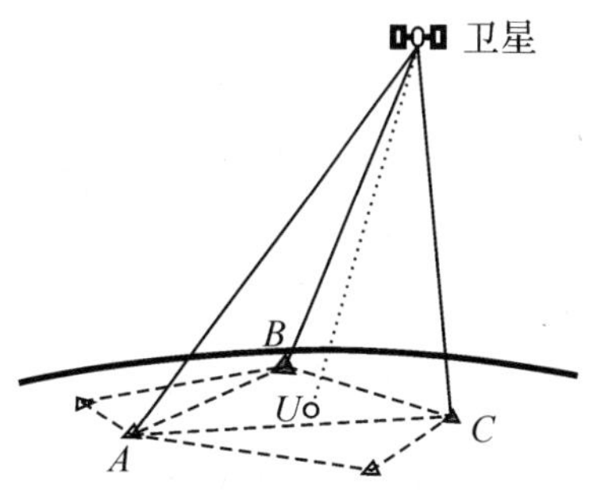

图 5.4　区域误差非差改正

$$\left.\begin{aligned} P_{1}{}_{A}^{S}=\rho_{A}^{S}+I_{1}{}_{A}^{S}+T_{A}^{S}-c\cdot t^{S}+c\cdot t_{A}+\varepsilon_{1}{}_{A}^{S} \\ P_{1}{}_{B}^{S}=\rho_{B}^{S}+I_{1}{}_{B}^{S}+T_{B}^{S}-c\cdot t^{S}+c\cdot t_{B}+\varepsilon_{1}{}_{B}^{S} \\ P_{1}{}_{C}^{S}=\rho_{C}^{S}+I_{1}{}_{C}^{S}+T_{C}^{S}-c\cdot t^{S}+c\cdot t_{C}+\varepsilon_{1}{}_{C}^{S} \end{aligned}\right\} \tag{5.20}$$

流动站的伪距观测值 P_{1U} 的非差观测方程与上述基准站伪距观测值的非差观测方程类似为

$$P_{1}{}_{U}^{S}=H^{S}\cdot\delta X+\rho_{0}{}_{U}^{S}+I_{1}{}_{U}^{S}+T_{U}^{S}-c\cdot t^{S}+c\cdot t_{U}+\varepsilon_{1}{}_{U}^{S} \tag{5.21}$$

式(5.20)、式(5.21)中，ρ 为站星间几何距离；I 为电离层延迟误差；T 是对流层延迟误差和卫星轨道误差等；t^{S} 为卫星钟差及卫星其他硬件延迟；t 为接收机钟差及其他硬件延迟；c 为真空中的光速；ε 为伪距观测噪声；$H^{S}=[l_S \quad m_S \quad n_S]$ 为流动站上卫星的方向余弦，l_S、m_S、n_S 分别表示卫星 S 到接收机三个坐标分量 x、y、z 的方向余弦；δX 为流动站的位置坐标改正量；下标 1 为 L1 载波，下标 A、B、C 表示基准站，上标 S 表示卫星号。本节以三颗卫星为例进行公式推导，因此分别取 $S=p,k,q$。

以基准站 A 为例，卫星 p 的伪距非差误差改正数 $\mathrm{Cor}_{1}{}_{A}^{p}$ 为

$$\mathrm{Cor}_{1}{}_{A}^{p}=P_{1}{}_{A}^{p}-\rho_{A}^{p}=I_{1}{}_{A}^{p}+T_{A}^{p}-c\cdot t^{p}+c\cdot t_{A}+\varepsilon_{1}{}_{A}^{p} \tag{5.22}$$

类似的可以得到卫星 p、k、q 在基准站 A、B、C 上的改正数，并通过内插得到流动站上三颗卫星 p、k、q 的非差误差改正数

$$\begin{bmatrix} \mathrm{Cor}_{1}{}_{U}^{p} \\ \mathrm{Cor}_{1}{}_{U}^{k} \\ \mathrm{Cor}_{1}{}_{U}^{q} \end{bmatrix}=\begin{bmatrix} \mathrm{Cor}_{1}{}_{A}^{p} & \mathrm{Cor}_{1}{}_{B}^{p} & \mathrm{Cor}_{1}{}_{C}^{p} \\ \mathrm{Cor}_{1}{}_{A}^{k} & \mathrm{Cor}_{1}{}_{B}^{k} & \mathrm{Cor}_{1}{}_{C}^{k} \\ \mathrm{Cor}_{1}{}_{A}^{q} & \mathrm{Cor}_{1}{}_{B}^{q} & \mathrm{Cor}_{1}{}_{C}^{q} \end{bmatrix}\cdot\begin{bmatrix} a_1 \\ a_2 \\ a_3 \end{bmatrix} \tag{5.23}$$

式中，内插系数的关系为 $a_1+a_2+a_3=1$，可由基准站与流动站的位置得到。流动站卫星 p、q 的非差 P1 伪距观测值误差改正数的详细表达形式为

$$\begin{aligned}\mathrm{Cor1}_U^p&=a_1\cdot\mathrm{Cor1}_A^p+a_2\cdot\mathrm{Cor1}_B^p+a_3\cdot\mathrm{Cor1}_C^p\\&=a_1\cdot(P1_A^p-\rho_A^p)+a_2\cdot(P1_B^p-\rho_B^p)+a_3\cdot(P1_C^p-\rho_C^p)\\&=a_1\cdot(I1_A^p+T_A^p-c\cdot t^p+c\cdot t_A+\varepsilon1_A^p)+a_2\cdot(I1_B^p+T_B^p-c\cdot t^p+c\cdot t_B+\varepsilon1_B^p)+\\&\quad a_3\cdot(I1_C^p+T_C^p-c\cdot t^p+c\cdot t_C+\varepsilon1_C^p)\\&=a_1\cdot(I1_A^p+T_A^p+c\cdot t_A)+a_2\cdot(I1_B^p+T_B^p+c\cdot t_B)+\\&\quad a_3\cdot(I1_C^p+T_C^p+c\cdot t_C)-c\cdot t^p+\varepsilon_{P1}^p\end{aligned}\tag{5.24}$$

$$\begin{aligned}\mathrm{Cor1}_U^q&=a_1\cdot\mathrm{Cor1}_A^q+a_2\cdot\mathrm{Cor1}_B^q+a_3\cdot\mathrm{Cor1}_C^q\\&=a_1\cdot(P1_A^q-\rho_A^q)+a_2\cdot(P1_B^q-\rho_B^q)+a_3\cdot(P1_C^q-\rho_C^q)\\&=a_1\cdot(I1_A^q+T_A^q-c\cdot t^q+c\cdot t_A+\varepsilon1_A^q)+a_2\cdot(I1_B^q+T_B^q-c\cdot t^q+c\cdot t_B+\varepsilon1_B^q)+\\&\quad a_3\cdot(I1_C^q+T_C^q-c\cdot t^q+c\cdot t_C+\varepsilon1_C^q)\\&=a_1\cdot(I1_A^q+T_A^q+c\cdot t_A)+a_2\cdot(I1_B^q+T_B^q+c\cdot t_B)+\\&\quad a_3\cdot(I1_C^q+T_C^q+c\cdot t_C)-c\cdot t^q+\varepsilon_{P1}^q\end{aligned}\tag{5.25}$$

式中，噪声 $\varepsilon_{P1}^p=a_1\cdot\varepsilon1_A^p+a_2\cdot\varepsilon1_B^p+a_3\cdot\varepsilon1_C^p$；$\varepsilon_{P1}^q=a_1\cdot\varepsilon1_A^q+a_2\cdot\varepsilon1_B^q+a_3\cdot\varepsilon1_C^q$。

流动站卫星 p、q 的伪距观测值经非差误差改正数改正后的非差观测方程为

$$P1_U^p-\mathrm{Cor1}_U^p=H^p\cdot\delta X+\rho_{0U}^p+I1_U^p+T_U^p-c\cdot t^p+c\cdot t_U+\varepsilon1_U^p-\mathrm{Cor1}_U^p\tag{5.26}$$

$$P1_U^q-\mathrm{Cor1}_U^q=H^q\cdot\delta X+\rho_{0U}^q+I1_U^q+T_U^q-c\cdot t^q+c\cdot t_U+\varepsilon1_U^q-\mathrm{Cor1}_U^q\tag{5.27}$$

将式(5.24)和式(5.25)代入式(5.26)和式(5.27)中，可得

$$\begin{aligned}P1_U^p-\mathrm{Cor1}_U^p=&H^p\cdot\delta X+\rho_{0U}^p+I1_U^p+T_U^p+c\cdot t_U+\varepsilon1_U^p-\\&[a_1\cdot(I1_A^p+T_A^p+c\cdot t_A)+a_2\cdot(I1_B^p+T_B^p+c\cdot t_B)+\\&a_3\cdot(I1_C^p+T_C^p+c\cdot t_C)+\varepsilon_{P1}^p]\end{aligned}\tag{5.28}$$

$$\begin{aligned}P1_U^q-\mathrm{Cor1}_U^q=&H^q\cdot\delta X+\rho_{0U}^q+I1_U^q+T_U^q+c\cdot t_U+\varepsilon1_U^q-\\&[a_1\cdot(I1_A^q+T_A^q+c\cdot t_A)+a_2\cdot(I1_B^q+T_B^q+c\cdot t_B)+\\&a_3\cdot(I1_C^q+T_C^q+c\cdot t_C)+\varepsilon_{P1}^q]\end{aligned}\tag{5.29}$$

将式(5.28)、式(5.29)相减，可消除流动站接收机钟差 t_U 和基准站接收机钟差 t_A、t_B、t_C，得到

$$\begin{aligned}&P1_U^p-P1_U^q-(\mathrm{Cor1}_U^p-\mathrm{Cor1}_U^q)=(H^p-H^q)\cdot\delta X+(\rho_{0U}^p-\rho_{0U}^q)+\\&(I1_U^p-I1_U^q)+(T_U^p-T_U^q)-\\&\{[a_1\cdot(I1_A^p+T_A^p+c\cdot t_A)+a_2\cdot(I1_B^p+T_B^p+c\cdot t_B)+\\&a_3\cdot(I1_C^p+T_C^p+c\cdot t_C)+\varepsilon_{P1}^p]-\\&[a_1\cdot(I1_A^q+T_A^q+c\cdot t_A)+a_2\cdot(I1_B^q+T_B^q+c\cdot t_B)+\\&a_3\cdot(I1_C^q+T_C^q+c\cdot t_C)+\varepsilon_{P1}^q]\}+(\varepsilon1_U^p-\varepsilon1_U^q)\\&=(H^p-H^q)\cdot\delta X+(\rho_{0U}^p-\rho_{0U}^q)+(I1_U^p-I1_U^q)+(T_U^p-T_U^q)-\end{aligned}$$

$$[(a_1\cdot T_A^p+a_2\cdot T_B^p+a_3\cdot T_C^p)-(a_1\cdot T_A^q+a_2\cdot T_B^q+a_3\cdot T_C^q)+$$
$$(a_1\cdot I_{1A}^p+a_2\cdot I_{1B}^p+a_3\cdot I_{1C}^p)-(a_1\cdot I_{1A}^q+a_2\cdot I_{1B}^q+a_3\cdot I_{1C}^q)]+$$
$$(\varepsilon_{1U}^p-\varepsilon_{1U}^q)-\varepsilon_{P1}^p-\varepsilon_{P1}^q \quad (5.30)$$

$(a_1\cdot I_{1A}^p+a_2\cdot I_{1B}^p+a_3\cdot I_{1C}^p)$、$(a_1\cdot I_{1A}^q+a_2\cdot I_{1B}^q+a_3\cdot I_{1C}^q)$为内插计算的流动站卫星 p、q 的伪距观测值的非差电离层延迟改正数，$(a_1\cdot T_A^p+a_2\cdot T_B^p+a_3\cdot T_C^p)$、$(a_1\cdot T_A^q+a_2\cdot T_B^q+a_3\cdot T_C^q)$为内插计算得到的流动站卫星 p、q 的非差对流层延迟和卫星轨道等误差改正数。经过内插的流动站 P1 伪距观测值的误差改正数改正后，观测方程式(5.30)中的电离层延迟误差项$(I_{1U}^p-I_{1U}^q)$和对流层延迟误差及卫星轨道误差项$(T_U^p-T_U^q)$可以被消除或大大削弱。即式(5.26)、式(5.27)相减得到流动站卫星 p、q 的单差伪距观测方程式(5.31)，可消除卫星钟差、接收机钟差，基本消除或大大削弱了对流层延迟误差、电离层延迟误差和卫星轨道误差等误差。

$$P_{1U}^p-P_{1U}^q-(\mathrm{Cor}_{1U}^p-\mathrm{Cor}_{1U}^q)=(H^p-H^q)\cdot\delta X+(\rho_{0U}^p-\rho_{0U}^q)+$$
$$(I_{1U}^p-I_{1U}^q)+(T_U^p-T_U^q)-c\cdot(t^p-t^q)-(Cor_{1U}^p-Cor_{1U}^q)+\Delta\varepsilon_{1U}^{pq} \quad (5.31)$$

误差拟合的精度高是由三个系数决定的，如果误差计算的精度足够高，则式(5.31)中不受$(I_{1U}^p-I_{1U}^q)$和$(T_U^p-T_U^q)$的影响。按照上述非差伪距观测值改正数的计算及改正方法，可以得到卫星 k 与 q 的单差伪距观测方程。并依次得到当前历元所有观测卫星在消除误差后的伪距观测方程，然后可进行流动站的定位，计算出相对于伪距单点定位精度较高的流动站坐标。利用上述非差误差改正方法，也可对流动站的 P2 伪距观测值进行误差改正，其过程与 P1 伪距观测值的非差误差改正相同。使用这种非差误差改正方法进行流动站定位，可以取得与双差网络差分定位等效的结果，并且不需要选择主参考站进行双差伪距观测值的组合，基准站改正数据的播发非常方便，流动站用户的作业比较自由。

5.2.2　载波相位观测值的非差误差改正方法

本节以 L1 载波相位观测值为例，详细介绍载波相位观测值的非差误差改正数计算和流动站误差改正过程。首先计算基准站 L1 载波相位观测值的非差误差改正数，因为基准站的多路径效应影响可以忽略，所以基准站 A、B、C 上的 L1 载波相位的非差观测方程可表示为

$$\left.\begin{aligned}\lambda_1\cdot\Phi_{1A}^S&=\rho_A^S-\lambda_1\cdot N_{1A}^S-I_{1A}^S+T_A^S-c\cdot t^S+c\cdot t_A+\varepsilon_{1A}^S\\ \lambda_1\cdot\Phi_{1B}^S&=\rho_B^S-\lambda_1\cdot N_{1B}^S-I_{1B}^S+T_B^S-c\cdot t^S+c\cdot t_B+\varepsilon_{1B}^S\\ \lambda_1\cdot\Phi_{1C}^S&=\rho_C^S-\lambda_1\cdot N_{1C}^S-I_{1C}^S+T_C^S-c\cdot t^S+c\cdot t_C+\varepsilon_{1C}^S\end{aligned}\right\} \quad (5.32)$$

流动站的 L1 载波相位的非差观测方程为

$$\lambda_1\cdot\Phi_{1U}^S=H^S\cdot\delta X+\rho_{0U}^S-\lambda_1\cdot N_{1U}^S-I_{1U}^S+T_U^S-c\cdot t^S+c\cdot t_U+\varepsilon_{1U}^S \quad (5.33)$$

式(5.32)、式(5.33)中,Φ 为载波相位观测值;$\lambda_1=c/f_1$,为 L1 载波相位的波长;f 为载波相位的频率;N 为模糊度;ε 为载波相位的观测噪声,其他符号含义与式(5.20)、式(5.21)相同。本节将以三颗卫星为例进行方法的推导和说明,因此分别取 $S=p,k,q$。

以基准站 A 为例,卫星 p 的 L1 载波相位非差改正数 OMC_{1A}^p 为

$$\mathrm{OMC}_{1A}^p=\lambda_1\cdot\Phi_{1A}^{\ p}-\rho_A^p=-\lambda_1\cdot N_{1A}^{\ p}-I_{1A}^{\ p}+T_A^p-c\cdot t^p+c\cdot t_A+\varepsilon_{1A}^{\ p} \tag{5.34}$$

在非差模糊度确定的情况下,以米为单位的非差误差改正数为

$$\mathrm{Cor}_{1A}^{\ p}=\mathrm{OMC}_A^p+\lambda_1\cdot N_{1A}^{\ p}=-I_{1A}^{\ p}+T_A^p-c\cdot t^p+c\cdot t_A+\varepsilon_{1A}^{\ p} \tag{5.35}$$

类似的可以得到卫星 p、k、q 在基准站 A、B、C 上的 L1 载波相位观测值的非差误差改正数,并通过内插计算得到流动站上三颗卫星 p、k、q 的 L1 载波相位观测值的非差误差改正数

$$\begin{bmatrix}\mathrm{Cor}_{1U}^{\ p}\\ \mathrm{Cor}_{1U}^{\ k}\\ \mathrm{Cor}_{1U}^{\ q}\end{bmatrix}=\begin{bmatrix}\mathrm{Cor}_{1A}^{\ p} & \mathrm{Cor}_{1B}^{\ p} & \mathrm{Cor}_{1C}^{\ p}\\ \mathrm{Cor}_{1A}^{\ k} & \mathrm{Cor}_{1B}^{\ k} & \mathrm{Cor}_{1C}^{\ k}\\ \mathrm{Cor}_{1A}^{\ q} & \mathrm{Cor}_{1B}^{\ q} & \mathrm{Cor}_{1C}^{\ q}\end{bmatrix}\cdot\begin{bmatrix}a_1\\ a_2\\ a_3\end{bmatrix}$$
$$=\begin{bmatrix}\mathrm{OMC}_A^p+\lambda_1\cdot N_{1A}^{\ p} & \mathrm{OMC}_B^p+\lambda_1\cdot N_{1B}^{\ p} & \mathrm{OMC}_C^p+\lambda_1\cdot N_{1C}^{\ p}\\ \mathrm{OMC}_A^k+\lambda_1\cdot N_{1A}^{\ k} & \mathrm{OMC}_B^k+\lambda_1\cdot N_{1B}^{\ k} & \mathrm{OMC}_C^k+\lambda_1\cdot N_{1C}^{\ k}\\ \mathrm{OMC}_A^q+\lambda_1\cdot N_{1A}^{\ q} & \mathrm{OMC}_B^q+\lambda_1\cdot N_{1B}^{\ q} & \mathrm{OMC}_C^q+\lambda_1\cdot N_{1C}^{\ q}\end{bmatrix}\cdot\begin{bmatrix}a_1\\ a_2\\ a_3\end{bmatrix}$$
$$=\left(\begin{bmatrix}\mathrm{OMC}_A^p & \mathrm{OMC}_B^p & \mathrm{OMC}_C^p\\ \mathrm{OMC}_A^k & \mathrm{OMC}_B^k & \mathrm{OMC}_C^k\\ \mathrm{OMC}_A^q & \mathrm{OMC}_B^q & \mathrm{OMC}_C^q\end{bmatrix}+\lambda_1\cdot\begin{bmatrix}N_{1A}^{\ p} & N_{1B}^{\ p} & N_{1C}^{\ p}\\ N_{1A}^{\ k} & N_{1B}^{\ k} & N_{1C}^{\ k}\\ N_{1A}^{\ q} & N_{1B}^{\ q} & N_{1C}^{\ q}\end{bmatrix}\right)\cdot\begin{bmatrix}a_1\\ a_2\\ a_3\end{bmatrix} \tag{5.36}$$

式中,$N_{1B}^{\ p}=N_{1A}^{\ p}-N_{1A}^{\ q}+N_{1B}^{\ q}-N_{1AB}^{\ pq}$;$N_{1C}^{\ p}=N_{1A}^{\ p}-N_{1A}^{\ q}+N_{1C}^{\ q}-N_{1AC}^{\ pq}$;$N_{1B}^{\ k}=N_{1A}^{\ k}-N_{1A}^{\ q}+N_{1B}^{\ q}-N_{1AB}^{\ kq}$;$N_{1C}^{\ k}=N_{1A}^{\ k}-N_{1A}^{\ q}+N_{1C}^{\ q}-N_{1AC}^{\ kq}$;$N_{1AB}^{\ pq}$、$N_{1AC}^{\ pq}$、$N_{1AB}^{\ kq}$、$N_{1AC}^{\ kq}$ 为双差整周模糊度;上标表示卫星号,下标表示基准站;流动站非差内插系数 a_1、a_2、a_3 与式(5.23)中的内插系数相同。

流动站 L1 载波相位观测值的非差误差改正数可以表示为

$$\left.\begin{aligned}\mathrm{Cor}_U^p&=a_1\cdot\mathrm{OMC}_A^p+a_2\cdot\mathrm{OMC}_B^p+a_3\cdot\mathrm{OMC}_C^p+\lambda_1\cdot(a_1\cdot N_{1A}^{\ p}+a_2\cdot N_{1B}^{\ p}+a_3\cdot N_{1C}^{\ p})\\ \mathrm{Cor}_U^k&=a_1\cdot\mathrm{OMC}_A^k+a_2\cdot\mathrm{OMC}_B^k+a_3\cdot\mathrm{OMC}_C^k+\lambda_1\cdot(a_1\cdot N_{1A}^{\ k}+a_2\cdot N_{1B}^{\ k}+a_3\cdot N_{1C}^{\ k})\\ \mathrm{Cor}_U^q&=a_1\cdot\mathrm{OMC}_A^q+a_2\cdot\mathrm{OMC}_B^q+a_3\cdot\mathrm{OMC}_C^q+\lambda_1\cdot(a_1\cdot N_{1A}^{\ q}+a_2\cdot N_{1B}^{\ q}+a_3\cdot N_{1C}^{\ q})\end{aligned}\right\} \tag{5.37}$$

忽略了基准站观测噪声后,流动站卫星 p、q 的 L1 载波相位观测值的非差误差改正数的详细表达式为

$$\begin{aligned}\mathrm{Cor}_{1U}^{\ p}&=a_1\cdot\mathrm{OMC}_A^p+a_2\cdot\mathrm{OMC}_B^p+a_3\cdot\mathrm{OMC}_C^p+\lambda_1\cdot(a_1\cdot N_{1A}^{\ p}+a_2\cdot N_{1B}^{\ p}+a_3\cdot N_{1C}^{\ p})\\ &=a_1\cdot(-\lambda_1\cdot N_{1A}^{\ p}-I_{1A}^{\ p}+T_A^p-c\cdot t^p+c\cdot t_A)+a_2\cdot(-\lambda_1\cdot N_{1B}^{\ p}-I_{1B}^{\ p}+T_B^p-\end{aligned}$$

$$c\cdot t^p + c\cdot t_B) + a_3\cdot(-\lambda_1\cdot N_{1C}^{\ p} - I_{1C}^{\ p} + T_C^p - c\cdot t^p + c\cdot t_C) + \lambda_1\cdot(a_1\cdot N_{1A}^{\ p} + a_2\cdot N_{1B}^{\ p} + a_3\cdot N_{1C}^{\ p})$$

$$= a_1\cdot(-I_{1A}^{\ p} + T_A^p + c\cdot t_A) + a_2\cdot(-I_{1B}^{\ p} + T_B^p + c\cdot t_B) + a_3\cdot(-I_{1C}^{\ p} + T_C^p + c\cdot t_C) - c\cdot t^p \tag{5.38}$$

$$\begin{aligned}\mathrm{Cor}_{1U}^{\ q} &= a_1\cdot \mathrm{OMC}_A^q + a_2\cdot \mathrm{OMC}_B^q + a_3\cdot \mathrm{OMC}_C^q + \lambda_1\cdot(a_1\cdot N_{1A}^{\ q} + a_2\cdot N_{1B}^{\ q} + a_3\cdot N_{1C}^{\ q})\\ &= a_1\cdot(-\lambda_1\cdot N_{1A}^{\ q} - I_{1A}^{\ q} + T_A^q - c\cdot t^q + c\cdot t_A) + a_2\cdot(-\lambda_1\cdot N_{1B}^{\ q} - I_{1B}^{\ q} + T_B^q - c\cdot t^q + c\cdot t_B) + a_3\cdot(-\lambda_1\cdot N_{1C}^{\ q} - I_{1C}^{\ q} + T_C^q - c\cdot t^q + c\cdot t_C) + \lambda_1\cdot(a_1\cdot N_{1A}^{\ q} + a_2\cdot N_{1B}^{\ q} + a_3\cdot N_{1C}^{\ q})\\ &= a_1\cdot(-I_{1A}^{\ q} + T_A^q + c\cdot t_A) + a_2\cdot(-I_{1B}^{\ q} + T_B^q + c\cdot t_B) + a_3\cdot(-I_{1C}^{\ q} + T_C^q + t_C) - c\cdot t^q\end{aligned} \tag{5.39}$$

流动站卫星 p、q 的 L1 载波相位观测值经非差误差改正数改正后的非差观测方程为

$$\lambda_1\cdot\Phi_{1U}^{\ p} - \mathrm{Cor}_{1U}^{\ p} = H^p\cdot\delta X + \rho_{0U}^{\ p} - \lambda_1\cdot N_{1U}^{\ p} - I_{1U}^{\ p} + T_U^p - c\cdot t^p + c\cdot t_U + \varepsilon_{1U}^{\ p} - \mathrm{Cor}_{1U}^{\ p} \tag{5.40}$$

$$\lambda_1\cdot\Phi_{1U}^{\ q} - \mathrm{Cor}_{1U}^{\ q} = H^q\cdot\delta X + \rho_{0U}^{\ q} - \lambda_1\cdot N_{1U}^{\ q} - I_{1U}^{\ q} + T_U^q - c\cdot t^q + c\cdot t_U + \varepsilon_{1U}^{\ q} - \mathrm{Cor}_{1U}^{\ q} \tag{5.41}$$

将式(5.38)、式(5.39)代入式(5.40)、式(5.41)中，则卫星 p、q 的 L1 载波相位观测方程为

$$\begin{aligned}\lambda_1\cdot\Phi_{1U}^{\ p} - \mathrm{Cor}_{1U}^{\ p} &= H^p\cdot\delta X + \rho_{0U}^{\ p} - \lambda_1\cdot N_{1U}^{\ p} - I_{1U}^{\ p} + T_U^p - c\cdot t^p + c\cdot t_U - [a_1\cdot(-I_{1A}^{\ p} + T_A^p + c\cdot t_A) + a_2\cdot(-I_{1B}^{\ p} + T_B^p + c\cdot t_B) + a_3\cdot(-I_{1C}^{\ p} + T_C^p + c\cdot t_C) - c\cdot t^p]\\ &= H^p\cdot\delta X + \rho_{0U}^{\ p} - \lambda_1\cdot N_{1U}^{\ p} - I_{1U}^{\ p} + T_U^p + c\cdot t_U - [a_1\cdot(-I_{1A}^{\ p} + T_A^p + c\cdot t_A) + a_2\cdot(-I_{1B}^{\ p} + T_B^p + c\cdot t_B) + a_3\cdot(-I_{1C}^{\ p} + T_C^p + c\cdot t_C)]\end{aligned} \tag{5.42}$$

$$\begin{aligned}\lambda_1\cdot\Phi_{1U}^{\ q} - \mathrm{Cor}_{1U}^{\ q} &= H^q\cdot\delta X + \rho_{0U}^{\ q} - \lambda_1\cdot N_{1U}^{\ q} - I_{1U}^{\ q} + T_U^q - c\cdot t^q + c\cdot t_U - [a_1\cdot(-I_{1A}^{\ q} + T_A^q + c\cdot t_A) + a_2\cdot(-I_{1B}^{\ q} + T_B^q + c\cdot t_B) + a_3\cdot(-I_{1C}^{\ q} + T_C^q + c\cdot t_C) - c\cdot t^q]\\ &= H^q\cdot\delta X + \rho_{0U}^{\ q} - \lambda_1\cdot N_{1U}^{\ q} - I_{1U}^{\ q} + T_U^q + c\cdot t_U - [a_1\cdot(-I_{1A}^{\ q} + T_A^q + c\cdot t_A) + a_2\cdot(-I_{1B}^{\ q} + T_B^q + c\cdot t_B) + a_3\cdot(-I_{1C}^{\ q} + T_C^q + c\cdot t_C)]\end{aligned} \tag{5.43}$$

将式(5.42)、式(5.43)相减，消除了流动站钟差 t_U 和基准站钟差 t_A、t_B、t_C，得到

$$\lambda_1\cdot\Phi_{1U}^{\ p} - \lambda_1\cdot\Phi_{1U}^{\ q} - (\mathrm{Cor}_{1U}^{\ p} - \mathrm{Cor}_{1U}^{\ q})$$

$$= (H^p - H^q)\cdot\delta X + (\rho_{0U}^{\ p} - \rho_{0U}^{\ q}) - \lambda_1\cdot(N_{1U}^{\ p} - N_{1U}^{\ q}) - (I_{1U}^{\ p} - I_{1U}^{\ q}) + (T_U^p - T_U^q) -$$

$$
\begin{aligned}
&\{[a_1\cdot(-I_{1A}^{\,p}+T_A^p)+a_2\cdot(-I_{1B}^{\,p}+T_B^p)+a_3\cdot(-I_{1C}^{\,p}+T_C^p)]-\\
&[a_1\cdot(-I_{1A}^{\,q}+T_A^q)+a_2\cdot(-I_{1B}^{\,q}+T_B^q)+a_3\cdot(-I_{1C}^{\,q}+T_C^q)]\}\\
&=(H^p-H^q)\cdot\delta X+(\rho_{0U}^{\,p}-\rho_{0U}^{\,q})-\lambda_1\cdot(N_{1U}^{\,p}-N_{1U}^{\,q})-(I_{1U}^{\,p}-I_{1U}^{\,q})+(T_U^p-T_U^q)+\\
&[(a_1\cdot I_{1A}^{\,p}+a_2\cdot I_{1B}^{\,p}+a_3\cdot I_{1C}^{\,p})-(a_1\cdot I_{1A}^{\,q}+a_2\cdot I_{1B}^{\,q}+a_3\cdot I_{1C}^{\,q})]-\\
&[(a_1\cdot T_A^p+a_2\cdot T_B^p+a_3\cdot T_C^p)-(a_1\cdot T_A^q+a_2\cdot T_B^q+a_3\cdot T_C^q)]
\end{aligned}
\tag{5.44}
$$

$(a_1\cdot I_{1A}^{\,p}+a_2\cdot I_{1B}^{\,p}+a_3\cdot I_{1C}^{\,p})$、$(a_1\cdot I_{1A}^{\,q}+a_2\cdot I_{1B}^{\,q}+a_3\cdot I_{1C}^{\,q})$为内插计算的流动站 L1 载波相位观测值的非差电离层延迟误差改正数，$(a_1\cdot T_A^p+a_2\cdot T_B^p+a_3\cdot T_C^p)$、$(a_1\cdot T_A^q+a_2\cdot T_B^q+a_3\cdot T_C^q)$为内插得到的流动站非差对流层延迟误差和卫星轨道误差改正数。经过内插出的流动站 L1 载波相位观测值的非差误差改正数改正后，式(5.44)中的电离层延迟误差项$(I_{1U}^{\,p}-I_{1U}^{\,q})$和对流层延迟误差及卫星轨道误差项$(T_U^p-T_U^q)$可以被消除或大大削弱。也就是将式(5.40)、式(5.41)相减得到流动站卫星 p、q 的单差 L1 载波相位观测方程式(5.45)，可消除卫星钟差、接收机钟差，基本消除或大大削弱对流层延迟误差、电离层延迟误差和卫星轨道误差等误差。

$$
\begin{aligned}
&\lambda_1\cdot\Phi_{1U}^{\,p}-\lambda_1\cdot\Phi_{1U}^{\,q}-(\mathrm{Cor}_{1U}^{\,p}-\mathrm{Cor}_{1U}^{\,q})\\
&=(H^p-H^q)\cdot\delta X+(\rho_{0U}^{\,p}-\rho_{0U}^{\,q})-\lambda_1\cdot(N_{1U}^{\,p}-N_{1U}^{\,q})-(I_{1U}^{\,p}+I_{1U}^{\,q})+\\
&(T_U^p-T_U^q)+(t^p-t^q)-(\mathrm{Cor}_{1U}^{\,p}-\mathrm{Cor}_{1U}^{\,q})+\Delta\varepsilon_1^{pq}
\end{aligned}
\tag{5.45}
$$

按照上述载波观测值非差误差改正数的计算及流动站改正方法，可得到形如式(5.45)的卫星 k 与 q 的单差 L1 载波相位观测方程。并可以依次推导流动站上当前历元所有观测卫星在消除误差后的 L1 载波相位观测方程。利用上述非差误差改正方法，可对流动站各观测卫星的 L2 载波相位观测值进行非差误差改正，其过程与 L1 载波相位观测值的非差误差改正相同。然后可进行流动站宽巷整周模糊度和双频载波相位整周模糊度的单历元解算，进而能够在单历元获得厘米级精度的定位结果。

§5.3 分类区域误差非差改正方法

在网络 RTK 的各种定位误差中，对 GNSS 卫星信号具有色散性影响的电离层延迟误差和其他定位误差的误差特性不同。根据色散性误差和非差色散性误差的不同特性，大范围区域内非差电离层延迟误差和非色散性误差的内插计算，可分开进行，也就是使用非差区域误差的分类误差改正方法。分类区域误差非差改正方法将电离层延迟误差和非色散性误差分离开，分别进行误差改正模型建立，不仅能够更好地描述电离层延迟误差，还能够为流动站用户提供多种误差改正数。

5.3.1　非差伪距观测值分类误差改正方法

如图 5.5 所示，其中测站 A、B、C 为区域基准站，U 为用户流动站，误差内插面 1 为基准站和流动站所在的地球表面，误差内插面 2 的高度为中心电离层高度。在内插面 2 上进行流动站非差电离层延迟误差的内插计算，可取 350 km 的中心电离层高度，误差内插面 2 上 I 点为流动站用户 U 对应该颗 GNSS 卫星的电离层穿刺点。基准站 A、B、C 上的 P2 伪距观测值的非差观测方程与 P1 伪距观测值类似，设基准站的多路径效应影响可以忽略，所以基准站 A、B、C 上的 P2 伪距观测值的非差观测方程为

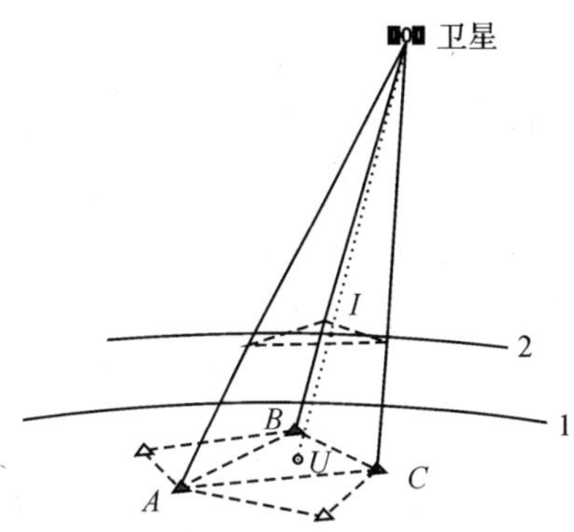

图 5.5　分类区域误差非差改正

$$\left.\begin{aligned}P_{2}{}_{A}^{S}=\rho_{A}^{S}+\frac{f_1^2}{f_2^2}\cdot I_{1}{}_{A}^{S}+T_{A}^{S}-c\cdot t^{S}+c\cdot t_{A}+\varepsilon_{2}{}_{A}^{S}\\ P_{2}{}_{B}^{S}=\rho_{B}^{S}+\frac{f_1^2}{f_2^2}\cdot I_{1}{}_{B}^{S}+T_{B}^{S}-c\cdot t^{S}+c\cdot t_{B}+\varepsilon_{2}{}_{B}^{S}\\ P_{2}{}_{C}^{S}=\rho_{C}^{S}+\frac{f_1^2}{f_2^2}\cdot I_{1}{}_{C}^{S}+T_{C}^{S}-c\cdot t^{S}+c\cdot t_{C}+\varepsilon_{2}{}_{C}^{S}\end{aligned}\right\}\tag{5.46}$$

流动站的 P2 伪距观测值的非差观测方程为

$$P_{2}{}_{U}^{S}=H^{S}\cdot\delta X+\rho_{0}{}_{U}^{S}+\frac{f_1^2}{f_2^2}\cdot I_{1}{}_{U}^{S}+T_{U}^{S}-c\cdot t^{S}+c\cdot t_{U}+\varepsilon_{2}{}_{U}^{S}\tag{5.47}$$

式(5.46)、式(5.47)中，各符号与式(5.20)、式(5.21)中的符号含义相同，f 为信号频率；下标 2 表示 L2 载波上的观测值。本节是以三颗卫星为例进行公式推导，因此分别取 $S=p,k,q$。

在 GNSS 卫星定位中，电离层延迟误差是与卫星信号频率有关的，即为色散性误差。由于 L1 和 L2 载波的频率不同，所以 P1 和 P2 伪距观测值的电离层延迟误差不同。对流层延迟误差、卫星轨道误差、接收机钟差及接收机硬件误差、卫星钟差及卫星硬件误差等误差都与频率无关，即非色散性误差，这些误差在两个频率的伪距观测值中是相同的。

以基准站 A 上卫星 p 为例，将卫星 p 的 P1 和 P2 伪距观测方程相减后，整理可得 P1 伪距观测值的非差电离层延迟误差为

$$I_{1}{}_{A}^{p}=\frac{f_2^2}{f_1^2-f_2^2}\cdot(P_{1}{}_{A}^{p}-P_{2}{}_{A}^{p}+\varepsilon_{I}{}_{A}^{p})\tag{5.48}$$

而除电离层延迟误差以外的与频率无关的非差误差设为 B_A^p，可通过 P1 和 P2 伪距观测方程组合得到 B_A^p 的表达式为

$$B_A^p = T_A^p - c\cdot t^p + c\cdot t_A = \frac{f_2^2}{f_2^2 - f_1^2}\cdot(P_{2A}^{\ p} - \rho_A^p) - \frac{f_1^2}{f_2^2 - f_1^2}\cdot(P_{1A}^{\ p} - \rho_A^p) + \varepsilon_A^p \tag{5.49}$$

类似的可以得到卫星 p、q、k 在基准站 A、B、C 上的 P1 伪距观测值的非差电离层延迟误差改正数，及与频率无关的非色散性误差改正数。并通过内插计算得到流动站上非色散性误差的改正数和 P1 伪距观测值的非差电离层延迟误差改正数

$$\left.\begin{aligned}
I_{1\ U}^{\mathrm{Cor}\,p} &= a_A^I\cdot I_{1A}^{\ p} + a_B^I\cdot I_{1B}^{\ p} + a_C^I\cdot I_{1C}^{\ p}\\
B_{\ U}^{\mathrm{Cor}\,p} &= a_A\cdot B_A^p + a_B\cdot B_B^p + a_C\cdot B_C^p\\
I_{1\ U}^{\mathrm{Cor}\,k} &= a_A^I\cdot I_{1A}^{\ k} + a_B^I\cdot I_{1B}^{\ k} + a_C^I\cdot I_{1C}^{\ k}\\
B_{\ U}^{\mathrm{Cor}\,k} &= a_A\cdot B_A^k + a_B\cdot B_B^k + a_C\cdot B_C^k\\
I_{1\ U}^{\mathrm{Cor}\,q} &= a_A^I\cdot I_{1A}^{\ q} + a_B^I\cdot I_{1B}^{\ q} + a_C^I\cdot I_{1C}^{\ q}\\
B_{\ U}^{\mathrm{Cor}\,q} &= a_A\cdot B_A^q + a_B\cdot B_B^q + a_C\cdot B_C^q
\end{aligned}\right\} \tag{5.50}$$

式中，流动站非差误差内插系数的关系为 $a_A^I + a_B^I + a_C^I = 1$，$a_A + a_B + a_C = 1$；$a_A^I$、$a_B^I$、$a_C^I$ 为非差电离层延迟误差的内插系数，利用各测站上每颗卫星的穿刺点坐标计算得到；a_A、a_B、a_C 为非差非色散性误差内插的系数，可以根据流动站与基准站网各站间的相对位置计算得到，a_A、a_B、a_C 可使用与 5.2.1 节中相同的误差内插系数。

利用内插出的流动站非差误差改正数改正流动站卫星 p、q 的 P1 伪距观测方程

$$P_{1U}^{\ p} - I_{1\ U}^{\mathrm{Cor}\,p} - B_{\ U}^{\mathrm{Cor}\,p} = H^p\cdot\delta X + \rho_{0U}^{\ p} + I_{1U}^{\ p} + T_U^p - c\cdot t^p + c\cdot t_U + \varepsilon_{1U}^{\ p} - I_{1\ U}^{\mathrm{Cor}\,p} - B_{\ U}^{\mathrm{Cor}\,p} \tag{5.51}$$

$$P_{1U}^{\ q} - I_{1\ U}^{\mathrm{Cor}\,q} - B_{\ U}^{\mathrm{Cor}\,q} = H^q\cdot\delta X + \rho_{0U}^{\ q} + I_{1U}^{\ q} + T_U^q - c\cdot t^q + c\cdot t_U + \varepsilon_{1U}^{\ q} - I_{1\ U}^{\mathrm{Cor}\,q} - B_{\ U}^{\mathrm{Cor}\,q} \tag{5.52}$$

流动站卫星 p 的 P1 伪距观测值误差改正后的观测方程为

$$\begin{aligned}
P_{1U}^{\ p} - I_{1\ U}^{\mathrm{Cor}\,p} - B_{\ U}^{\mathrm{Cor}\,p} &= H^p\cdot\delta X + \rho_{0U}^{\ p} + I_{1U}^{\ p} + T_U^p - c\cdot t^p + c\cdot t_U + \varepsilon_{1U}^{\ p} - \\
&\quad I_{1\ U}^{\mathrm{Cor}\,p} - (a_A\cdot B_A^p + a_B\cdot B_B^p + a_C\cdot B_C^p)\\
&= H^p\cdot\delta X + \rho_{0U}^{\ p} + I_{1U}^{\ p} + T_U^p - c\cdot t^p + c\cdot t_U + \varepsilon_{1U}^{\ p} - I_{\ U}^{\mathrm{Cor}\,p} - \\
&\quad [a_A\cdot(T_A^p - c\cdot t^p + c\cdot t_A) + a_B\cdot(T_B^p - c\cdot t^p + c\cdot t_B) + \\
&\quad a_C\cdot(T_C^p - c\cdot t^p + c\cdot t_C)]
\end{aligned} \tag{5.53}$$

因为内插系数之和为 1，所以有

$$P_{1U}^{\ p} - I_{1\ U}^{\mathrm{Cor}\,p} - B_{\ U}^{\mathrm{Cor}\,p} = H^p\cdot\delta X + \rho_{0U}^{\ p} + I_{1U}^{\ p} + T_U^p - c\cdot t^p + c\cdot t_U + \varepsilon_{1U}^{\ p} - I_{1\ U}^{\mathrm{Cor}\,p} -$$

$$
\begin{aligned}
&(a_A\cdot T_A^p+a_B\cdot T_B^p+a_C\cdot T_C^p+\\
&a_A\cdot c\cdot t_A+a_B\cdot c\cdot t_B+a_C\cdot c\cdot t_C-c\cdot t^p)\\
=&H^p\cdot\delta X+\rho_0{}_U^p+I_1{}_U^p+T_U^p+c\cdot t_U+\varepsilon_1{}_U^p-I_1^{\mathrm{Cor}}{}_U^p-\\
&(a_A\cdot T_A^p+a_B\cdot T_B^p+a_C\cdot T_C^p+\\
&a_A\cdot c\cdot t_A+a_B\cdot c\cdot t_B+a_C\cdot c\cdot t_C)
\end{aligned}\tag{5.54}
$$

式(5.54)能够消除卫星 p 的卫星钟差及硬件延迟误差，内插计算出的电离层延迟改正数 $I_1^{\mathrm{Cor}}{}_U^p$ 能够改正式(5.54)中的非差电离层延迟 $I_1{}_U^p$，$(a_A\cdot T_A^p+a_B\cdot T_B^p+a_C\cdot T_C^p)$ 是内插计算出的对流层延迟误差和卫星轨道误差，能够改正式(5.54)中的对流层延迟误差和卫星轨道误差项 T_U^p，因此式(5.54)可以表示为

$$
\begin{aligned}
P_1{}_U^p-I_1^{\mathrm{Cor}}{}_U^p-B^{\mathrm{Cor}}{}_U^p=&H^p\cdot\delta X+\rho_0{}_U^p+c\cdot t_U-\\
&(a_A\cdot c\cdot t_A+a_B\cdot c\cdot t_B+a_C\cdot c\cdot t_C)+\xi_U^p+\varepsilon_1{}_U^p
\end{aligned}\tag{5.55}
$$

式中，ξ_U^p 为卫星 p 非差误差改正的残差，与卫星有关和与信号传播有关的误差均已消除或削弱。而式(5.55)中仍含有流动站接收机钟差及接收机硬件延迟、基准站的接收机钟差及硬件延迟。

流动站卫星 q 的 P1 伪距观测值误差改正后的观测方程为

$$
\begin{aligned}
P_1{}_U^q-I_1^{\mathrm{Cor}}{}_U^q-B^{\mathrm{Cor}}{}_U^q=&H^q\cdot\delta X+\rho_0{}_U^q+I_1{}_U^q+T_U^q-c\cdot t^q+c\cdot t_U+\varepsilon_1{}_U^q-\\
&I_1^{\mathrm{Cor}}{}_U^q-(a_A\cdot B_A^q+a_B\cdot B_B^q+a_C\cdot B_C^q)\\
=&H^q\cdot\delta X+\rho_0{}_U^q+I_1{}_U^q+T_U^q-c\cdot t^q+c\cdot t_U+\varepsilon_1{}_U^q-I_1^{\mathrm{Cor}}{}_U^q-\\
&[a_A\cdot(T_A^q-c\cdot t^q+c\cdot t_A)+a_B\cdot(T_B^q-c\cdot t^q+c\cdot t_B)+\\
&a_C\cdot(T_C^q-c\cdot t^q+c\cdot t_C)]
\end{aligned}\tag{5.56}
$$

因为内插系数之和为 1，所以有

$$
\begin{aligned}
P_1{}_U^q-I_1^{\mathrm{Cor}}{}_U^q-B^{\mathrm{Cor}}{}_U^q=&H^q\cdot\delta X+\rho_0{}_U^q+I_1{}_U^q+T_U^q-c\cdot t^q+t_U+\varepsilon_1{}_U^q-I_1^{\mathrm{Cor}}{}_U^q-\\
&(a_A\cdot T_A^q+a_B\cdot T_B^q+a_C\cdot T_C^q+\\
&a_A\cdot t_A+a_B\cdot t_B+a_C\cdot t_C-c\cdot t^q)\\
=&H^q\cdot\delta X+\rho_0{}_U^q+I_1{}_U^q+T_U^q+c\cdot t_U+\varepsilon_1{}_U^q-I_1^{\mathrm{Cor}}{}_U^q-\\
&(a_A\cdot T_A^q+a_B\cdot T_B^q+a_C\cdot T_C^q+\\
&a_A\cdot c\cdot t_A+a_B\cdot c\cdot t_B+a_C\cdot c\cdot t_C)
\end{aligned}\tag{5.57}
$$

式(5.57)可以消除卫星 q 的卫星钟差及硬件延迟，内插计算出的非差电离层延迟改正数 $I_1^{\mathrm{Cor}}{}_U^q$ 可以改正掉式中的非差电离层延迟 $I_1{}_U^q$，$(a_A\cdot T_A^q+a_B\cdot T_B^q+a_C\cdot T_C^q)$ 是内插计算出的对流层延迟误差和卫星轨道误差改正数，能够改正对流层延迟误差和卫星轨道误差 T_U^q，因此式(5.57)又可表示为

$$
\begin{aligned}
P_1{}_U^q-I_1^{\mathrm{Cor}}{}_U^q-B^{\mathrm{Cor}}{}_U^q=&H^q\cdot\delta X+\rho_0{}_U^q+c\cdot t_U-(a_A\cdot c\cdot t_A+a_B\cdot c\cdot t_B+a_C\cdot c\cdot t_C)+\\
&\xi_U^q+\varepsilon_1{}_U^q
\end{aligned}\tag{5.58}
$$

式中，ξ_U^q 为卫星 q 非差误差改正后的残差，与卫星和信号传播有关的误差均已消

除或削弱。而式(5.58)中仍含有流动站和基准站的接收机钟差及硬件延迟。对于卫星 p 和 q 而言,同一个测站上的非差伪距观测值中包含的接收机钟差及硬件延迟是相同的,因此,由式(5.51)和式(5.2)可得

$$P_{1U}^{\ p}-P_{1U}^{\ q}-(I_{1\ U}^{\mathrm{Cor}\,p}+B_{\ \ U}^{\mathrm{Cor}\,p}-I_{1\ U}^{\mathrm{Cor}\,q}-B_{\ \ U}^{\mathrm{Cor}\,q})=(H^{p}-H^{q})\cdot\delta X+\rho_{0U}^{\ p}-\rho_{0U}^{\ q}+\xi_{U}^{pq}+\varepsilon_{1U}^{\ pq} \tag{5.59}$$

式(5.59)中消除了卫星钟差及硬件延迟、接收机钟差及硬件延迟,消除或大大削弱了电离层延迟误差、对流层延迟误差、卫星轨道误差等误差。利用上述误差改正过程,可对 P2 伪距观测值进行非差误差改正,并得到类似式(5.59)的观测方程。经过非差误差改正之后,就可以进行流动站伪距定位。需要说明的是,伪距观测噪声较大,分类误差改正数中含有基准站伪距观测值的观测噪声。而非差误差改正后的伪距观测值主要目的只是用来计算流动站的初始坐标及模糊度初值,辅助流动站的整周模糊度解算,因此,也可直接使用 5.2.1 节中的伪距误差改正方法进行流动站的伪距定位。

5.3.2 非差载波相位观测值分类误差改正方法

基准站 A、B、C 上的 L1 载波相位观测值的非差观测方程在 5.2.2 节中由式(5.32)、式(5.33)给出。L2 载波相位的非差观测方程与 L1 载波相位观测方程类似,忽略多路径效应的影响,基准站 A、B、C 上的 L2 载波相位的非差观测方程为

$$\left.\begin{aligned}
\lambda_2\cdot\Phi_{2A}^{\ S}&=\rho_A^S-\lambda_2\cdot N_{2A}^{\ S}-\frac{f_1^2}{f_2^2}\cdot I_{1A}^{\ S}+T_A^S-c\cdot t^S+c\cdot t_A+\varepsilon_{2A}^{\ S}\\
\lambda_2\cdot\Phi_{2B}^{\ S}&=\rho_B^S-\lambda_2\cdot N_{2B}^{\ S}-\frac{f_1^2}{f_2^2}\cdot I_{1B}^{\ S}+T_B^S-c\cdot t^S+c\cdot t_B+\varepsilon_{2B}^{\ S}\\
\lambda_2\cdot\Phi_{2C}^{\ S}&=\rho_C^S-\lambda_2\cdot N_{2C}^{\ S}-\frac{f_1^2}{f_2^2}\cdot I_{1C}^{\ S}+T_C^S-c\cdot t^S+c\cdot t_C+\varepsilon_{2C}^{\ S}
\end{aligned}\right\} \tag{5.60}$$

流动站的 L1 载波相位的非差观测方程在 5.2.2 节中已经给出,其 L2 载波相位的非差观测方程为

$$\lambda_2\cdot\Phi_{2U}^{\ S}=H^S\cdot\delta X+\rho_{0U}^{\ S}-\lambda_2\cdot N_{2U}^{\ S}-\frac{f_1^2}{f_2^2}\cdot I_{1U}^{\ S}+T_U^S-c\cdot t^S+c\cdot t_U+\varepsilon_{2U}^{\ S} \tag{5.61}$$

式(5.60)、式(5.61)中,各符号与式(5.32)、式(5.33)的各符号含义相同,$\lambda_2=c/f_2$ 为 L2 载波相位的波长;f 为信号频率;下标 2 表示 L2 载波相位。本节将以三颗卫星为例进行方法的推导和说明,因此分别取 $S=p,k,q$。

非差电离层延迟误差与卫星信号频率有关的,由于 L1 和 L2 载波相位观测值的频率不同,所以两者的电离层延迟误差不同。而对流层延迟误差、卫星轨道误差、接收机钟差及接收机硬件延迟、卫星钟差及卫星硬件延迟等误差与卫星信号频率无关,为非色散性误差。严格来讲硬件延迟的特性与频率有关,但其相关性较

小，对于网络 RTK 定位来说可以忽略这种相关性，将硬件延迟归入非色散性误差，因此，L1 和 L2 载波相位观测值的非色散性误差是相同的。

以基准站 A 为例，卫星 p 的 L2 载波相位非差改正数为 $\mathrm{OMC}_{2}{}_{A}^{p}$。

$$\mathrm{OMC}_{2}{}_{A}^{p}=\lambda_{2}\cdot\Phi_{2}{}_{A}^{p}-\rho_{A}^{p}=-\lambda_{2}\cdot N_{2}{}_{A}^{p}-\frac{f_{1}^{2}}{f_{2}^{2}}\cdot I_{1}{}_{A}^{p}+T_{A}^{p}-c\cdot t^{p}+c\cdot t_{A}+\varepsilon_{2}{}_{A}^{p} \tag{5.62}$$

在非差模糊度确定的情况下，卫星 p 的 L2 载波相位观测值的非差误差改正数为

$$\mathrm{Cor}_{2}{}_{A}^{p}=\mathrm{OMC}_{2}{}_{A}^{p}+\lambda_{2}\cdot N_{2}{}_{A}^{p}=-\frac{f_{1}^{2}}{f_{2}^{2}}\cdot I_{1}{}_{A}^{p}+T_{A}^{p}-c\cdot t^{p}+c\cdot t_{A}+\varepsilon_{2}{}_{A}^{p} \tag{5.63}$$

由式(5.35)和式(5.63)，整理后可以得到 L1 载波相位观测值的非差电离层延迟误差

$$I_{1}{}_{A}^{p}=\frac{f_{2}^{2}}{f_{2}^{2}-f_{1}^{2}}\cdot(\lambda_{2}\cdot\Phi_{2}{}_{A}^{p}+\lambda_{2}\cdot N_{2}{}_{A}^{p}-\lambda_{1}\cdot\Phi_{1}{}_{A}^{p}-\lambda_{1}\cdot N_{1}{}_{A}^{p}+\varepsilon_{I}{}_{A}^{p}) \tag{5.64}$$

除电离层延迟误差以外的与频率无关的非差误差可设为 B_{A}^{p}，也可通过式(5.35)和式(5.63)得到 B_{A}^{p} 的计算表达式为

$$\begin{aligned}B_{A}^{p}&=T_{A}^{p}-c\cdot t^{p}+c\cdot t_{A}\\&=\frac{f_{1}^{2}}{f_{2}^{2}-f_{1}^{2}}\cdot(\rho_{A}^{p}-\lambda_{1}\cdot\Phi_{1}{}_{A}^{p}-\lambda_{1}\cdot N_{1}{}_{A}^{p})-\frac{f_{2}^{2}}{f_{2}^{2}-f_{1}^{2}}\cdot(\rho_{A}^{p}-\lambda_{2}\cdot\Phi_{2}{}_{A}^{p}-\lambda_{2}\cdot N_{2}{}_{A}^{p})+\varepsilon_{A}^{p}\end{aligned} \tag{5.65}$$

类似的可以得到卫星 p、k、q 在基准站 A、B、C 上的 L1 载波相位观测值的非差电离层延迟误差改正数，及与频率无关的非色散性误差的改正数。并通过内插计算得到流动站上卫星 p、k、q 的 L1 载波相位观测值的非差电离层延迟误差和非色散性误差的改正数

$$\left.\begin{aligned}I_{1}{}_{U}^{\mathrm{Cor}\,p}&=a_{A}^{I}\cdot I_{1}{}_{A}^{p}+a_{B}^{I}\cdot I_{1}{}_{B}^{p}+a_{C}^{I}\cdot I_{1}{}_{C}^{p}\\B_{U}^{\mathrm{Cor}\,p}&=a_{A}\cdot B_{A}^{p}+a_{B}\cdot B_{B}^{p}+a_{C}\cdot B_{C}^{p}\\I_{1}{}_{U}^{\mathrm{Cor}\,k}&=a_{A}^{I}\cdot I_{1}{}_{A}^{k}+a_{B}^{I}\cdot I_{1}{}_{B}^{k}+a_{C}^{I}\cdot I_{1}{}_{C}^{k}\\B_{U}^{\mathrm{Cor}\,k}&=a_{A}\cdot B_{A}^{k}+a_{B}\cdot B_{B}^{k}+a_{C}\cdot B_{C}^{k}\\I_{1}{}_{U}^{\mathrm{Cor}\,q}&=a_{A}^{I}\cdot I_{1}{}_{A}^{q}+a_{B}^{I}\cdot I_{1}{}_{B}^{q}+a_{C}^{I}\cdot I_{1}{}_{C}^{q}\\B_{U}^{\mathrm{Cor}\,q}&=a_{A}\cdot B_{A}^{q}+a_{B}\cdot B_{B}^{q}+a_{C}\cdot B_{C}^{q}\end{aligned}\right\} \tag{5.66}$$

式中，流动站非差内插系数的关系为 $a_{A}^{I}+a_{B}^{I}+a_{C}^{I}=1$，$a_{A}+a_{B}+a_{C}=1$。$a_{A}^{I}$、$a_{B}^{I}$、$a_{C}^{I}$ 为非差电离层延迟误差的内插系数，a_{A}、a_{B}、a_{C} 为非色散性误差的内插系数。可使用 5.3.1 节中的内插系数，也就是伪距观测值和载波相位观测值的非差分类误差改正数内插系数相同。

L1 载波相位的非差模糊度可通过 5.2.2 节中介绍的计算公式得到，而 L2 载

波相位的非差模糊度通过下式计算

$$\left.\begin{aligned} N_{2}{}_{B}^{p}&=N_{2}{}_{A}^{p}-N_{2}{}_{A}^{q}+N_{2}{}_{B}^{q}-N_{2}{}_{AB}^{pq}\\ N_{2}{}_{C}^{p}&=N_{2}{}_{A}^{p}-N_{2}{}_{A}^{q}+N_{2}{}_{C}^{q}-N_{2}{}_{AC}^{pq}\\ N_{2}{}_{B}^{k}&=N_{2}{}_{A}^{k}-N_{2}{}_{A}^{q}+N_{2}{}_{B}^{q}-N_{2}{}_{AB}^{kq}\\ N_{2}{}_{C}^{k}&=N_{2}{}_{A}^{k}-N_{2}{}_{A}^{q}+N_{2}{}_{C}^{q}-N_{2}{}_{AC}^{kq} \end{aligned}\right\} \tag{5.67}$$

式中，$N_{2}{}_{AB}^{pq}$、$N_{2}{}_{AC}^{pq}$、$N_{2}{}_{AB}^{kq}$、$N_{2}{}_{AC}^{kq}$ 为双差整周模糊度；上标表示卫星编号，下标表示基准站编号。

利用内插出的非差误差改正数改正流动站卫星 p、q 的非差 L1 载波相位观测方程

$$\begin{aligned} \lambda_1\cdot\Phi_{1}{}_{U}^{p}+I_1^{\mathrm{Cor}}{}_{U}^{p}-B^{\mathrm{Cor}}{}_{U}^{p}=&H^{p}\cdot\delta X+\rho_{0}{}_{U}^{p}-\lambda_1\cdot N_{1}{}_{U}^{p}-I_{1}{}_{U}^{p}+T_{U}^{p}-c\cdot t^{p}+c\cdot t_{U}+\\ &\varepsilon_{1}{}_{U}^{p}+I_1^{\mathrm{Cor}}{}_{U}^{p}-B^{\mathrm{Cor}}{}_{U}^{p} \end{aligned} \tag{5.68}$$

$$\begin{aligned} \lambda_1\cdot\Phi_{1}{}_{U}^{q}+I_1^{\mathrm{Cor}}{}_{U}^{q}-B^{\mathrm{Cor}}{}_{U}^{q}=&H^{q}\cdot\delta X+\rho_{0}{}_{U}^{q}-\lambda_1\cdot N_{1}{}_{U}^{q}-I_{1}{}_{U}^{q}+T_{U}^{q}-c\cdot t^{q}+c\cdot t_{U}+\\ &\varepsilon_{1}{}_{U}^{q}+I_1^{\mathrm{Cor}}{}_{U}^{q}-B^{\mathrm{Cor}}{}_{U}^{q} \end{aligned} \tag{5.69}$$

流动站卫星 p 的 L1 载波相位观测方程经非差误差改正数改正之后的详细表达式为

$$\begin{aligned} \lambda_1\cdot\Phi_{1}{}_{U}^{p}+I_1^{\mathrm{Cor}}{}_{U}^{p}-B^{\mathrm{Cor}}{}_{U}^{p}=&H^{p}\cdot\delta X+\rho_{0}{}_{U}^{p}-\lambda_1\cdot N_{1}{}_{U}^{p}-I_{1}{}_{U}^{p}+T_{U}^{p}-c\cdot t^{p}+c\cdot t_{U}+\varepsilon_{1}{}_{U}^{p}+\\ &I_1^{\mathrm{Cor}}{}_{U}^{p}-(a_A\cdot B_A^{p}+a_B\cdot B_B^{p}+a_C\cdot B_C^{p})\\ =&H^{p}\cdot\delta X+\rho_{0}{}_{U}^{p}-\lambda_1\cdot N_{1}{}_{U}^{p}-I_{1}{}_{U}^{p}+T_{U}^{p}-c\cdot t^{p}+c\cdot t_{U}+\varepsilon_{1}{}_{U}^{p}+\\ &I_1^{\mathrm{Cor}}{}_{U}^{p}-[a_A\cdot(T_A^{p}-c\cdot t^{p}+c\cdot t_A)+a_B\cdot(T_B^{p}-c\cdot t^{p}+c\cdot t_B)+\\ &a_C\cdot(T_C^{p}-c\cdot t^{p}+c\cdot t_C)] \end{aligned} \tag{5.70}$$

因为两类误差的非差误差改正数的内插系数之和为 1，所以有

$$\begin{aligned} \lambda_1\cdot\Phi_{1}{}_{U}^{p}+I_1^{\mathrm{Cor}}{}_{U}^{p}-B^{\mathrm{Cor}}{}_{U}^{p}=&H^{p}\cdot\delta X+\rho_{0}{}_{U}^{p}-\lambda_1\cdot N_{1}{}_{U}^{p}-I_{1}{}_{U}^{p}+T_{U}^{p}-c\cdot t^{p}+c\cdot t_{U}+\varepsilon_{1}{}_{U}^{p}+\\ &I_1^{\mathrm{Cor}}{}_{U}^{p}-(a_A\cdot T_A^{p}+a_B\cdot T_B^{p}+a_C\cdot T_C^{p}+\\ &a_A\cdot c\cdot t_A+a_B\cdot c\cdot t_B+a_C\cdot c\cdot t_C-c\cdot t^{p})\\ =&H^{p}\cdot\delta X+\rho_{0}{}_{U}^{p}-\lambda_1\cdot N_{1}{}_{U}^{p}-I_{1}{}_{U}^{p}+T_{U}^{p}+c\cdot t_{U}+\varepsilon_{1}{}_{U}^{p}+\\ &I_1^{\mathrm{Cor}}{}_{U}^{p}-(a_A\cdot T_A^{p}+a_B\cdot T_B^{p}+a_C\cdot T_C^{p}+\\ &a_A\cdot c\cdot t_A+a_B\cdot c\cdot t_B+a_C\cdot c\cdot t_C) \end{aligned} \tag{5.71}$$

式(5.71)能够消除卫星 p 的卫星钟差及卫星硬件延迟，内插计算出的非差电离层延迟改正数 $I_1^{\mathrm{Cor}}{}_{U}^{p}$ 可以消除或大大削弱式中的非差电离层延迟误差项 $I_{1}{}_{U}^{p}$，$(a_A\cdot T_A^{p}+a_B\cdot T_B^{p}+a_C\cdot T_C^{p})$ 是内插计算出的对流层延迟误差和卫星轨道误差改正数，能够改正对流层延迟误差和卫星轨道误差 T_U^{p}，因此式(5.71)又可以表示为

$$\begin{aligned} \lambda_1\cdot\Phi_{1}{}_{U}^{p}+I_1^{\mathrm{Cor}}{}_{U}^{p}-B^{\mathrm{Cor}}{}_{U}^{p}=&H^{p}\cdot\delta X+\rho_{0}{}_{U}^{p}-\lambda_1\cdot N_{1}{}_{U}^{p}+c\cdot t_{U}-\\ &(a_A\cdot c\cdot t_A+a_B\cdot c\cdot t_B+a_C\cdot c\cdot t_C)+\xi_U^{p}+\varepsilon_{1}{}_{U}^{p} \end{aligned} \tag{5.72}$$

式中，ξ_U^{p} 为卫星 p 非差误差改正后的残差，与卫星和与信号传播有关的误差均已消除或削弱，但式(5.72)中仍含有流动站和基准站的接收机钟差及硬件延迟。

流动站卫星 q 的 L1 非差载波相位观测方程经误差改正后有详细表达式为

$$\begin{aligned}\lambda_1\cdot\Phi_{1U}^{\ q}+I_{1\ U}^{\mathrm{Cor}\,q}-B_{\ \ U}^{\mathrm{Cor}\,q}&=H^q\cdot\delta X+\rho_{0U}^{\ q}-\lambda_1\cdot N_{1U}^{\ q}-I_{1U}^{\ q}+T_U^q-c\cdot t^q+c\cdot t_U+\varepsilon_{1U}^{\ q}+\\&\quad I_{1\ U}^{\mathrm{Cor}\,q}-(a_A\cdot B_A^q+a_B\cdot B_B^q+a_C\cdot B_C^q)\\&=H^q\cdot\delta X+\rho_{0U}^{\ q}-\lambda_1\cdot N_{1U}^{\ q}-I_{1U}^{\ q}+T_U^q-c\cdot t^q+c\cdot t_U+\varepsilon_{1U}^{\ q}+\\&\quad I_{1\ U}^{\mathrm{Cor}\,q}-[a_A\cdot(T_A^q-c\cdot t^q+c\cdot t_A)+a_B\cdot(T_B^q-c\cdot t^q+c\cdot t_B)+\\&\quad a_C\cdot(T_C^q-c\cdot t^q+c\cdot t_C)]\end{aligned}\tag{5.73}$$

由于流动站卫星 q 非色散性误差的内插系数之和为 1，所以有

$$\begin{aligned}\lambda_1\cdot\Phi_{1U}^{\ q}+I_{1\ U}^{\mathrm{Cor}\,q}-B_{\ \ U}^{\mathrm{Cor}\,q}&=H^q\cdot\delta X+\rho_{0U}^{\ q}-\lambda_1\cdot N_{1U}^{\ q}-I_{1U}^{\ q}+T_U^q-c\cdot t^q+c\cdot t_U+\varepsilon_{1U}^{\ q}+\\&\quad I_{1\ U}^{\mathrm{Cor}\,q}-(a_A\cdot T_A^q+a_B\cdot T_B^q+a_C\cdot T_C^q+\\&\quad a_A\cdot c\cdot t_A+a_B\cdot c\cdot t_B+a_C\cdot c\cdot t_C-c\cdot t^q)\\&=H^q\cdot\delta X+\rho_{0U}^{\ q}-\lambda_1\cdot N_{1U}^{\ q}-I_{1U}^{\ q}+T_U^q+c\cdot t_U+\varepsilon_{1U}^{\ q}+\\&\quad I_{1\ U}^{\mathrm{Cor}\,q}-(a_A\cdot T_A^q+a_B\cdot T_B^q+a_C\cdot T_C^q+\\&\quad a_A\cdot c\cdot t_A+a_B\cdot c\cdot t_B+a_C\cdot c\cdot t_C)\end{aligned}\tag{5.74}$$

式(5.74)能够消除卫星 q 的卫星钟差及硬件延迟影响，内插计算出的非差电离层延迟误差改正数 $I_{1\ U}^{\mathrm{Cor}\,q}$ 可以改正非差电离层延迟误差项 $I_{1U}^{\ q}$，$(a_A\cdot T_A^q+a_B\cdot T_B^q+a_C\cdot T_C^q)$是内插计算出的对流层延迟误差和卫星轨道误差改正数，能够改正对流层延迟误差和卫星轨道误差项 T_U^q，因此式(5.74)可以表示为

$$\begin{aligned}\lambda_1\cdot\Phi_{1U}^{\ q}+I_{1\ U}^{\mathrm{Cor}\,q}-B_{\ \ U}^{\mathrm{Cor}\,q}&=H^q\cdot\delta X+\rho_{0U}^{\ q}-\lambda_1\cdot N_{1U}^{\ q}+c\cdot t_U-\\&\quad(a_A\cdot c\cdot t_A+a_B\cdot c\cdot t_B+a_C\cdot c\cdot t_C)+\xi_U^q+\varepsilon_{1U}^{\ q}\end{aligned}\tag{5.75}$$

式中，ξ_U^q 为卫星 q 非差误差改正后的残差，与卫星和与信号传播有关的误差均已消除或削弱。但式(5.75)中仍含有流动站和基准站的接收机钟差及硬件延迟。对于卫星 p 和 q 而言，同一个测站上的非差 L1 载波相位观测值中包含的接收机钟差及接收机硬件延迟是相同的，因此，由式(5.72)和式(5.75)可得

$$\begin{aligned}\lambda_1\cdot\Phi_{1U}^{\ p}-\lambda_1\cdot\Phi_{1U}^{\ q}+(I_{1\ U}^{\mathrm{Cor}\,p}-B_{\ \ U}^{\mathrm{Cor}\,p}-I_{1\ U}^{\mathrm{Cor}\,q}+B_{\ \ U}^{\mathrm{Cor}\,q})&=(H^p-H^q)\cdot\delta X+\rho_{0U}^{\ p}-\rho_{0U}^{\ q}-\\&\quad\lambda_1\cdot(N_{1U}^{\ p}-N_{1U}^{\ q})+\xi_U^{pq}+\varepsilon_{1U}^{\ pq}\end{aligned}\tag{5.76}$$

式(5.76)中消除了卫星钟差及硬件延迟、接收机钟差及接收机硬件延迟，消除或大大削弱了电离层延迟误差、对流层延迟误差、卫星轨道误差等误差。大气延迟误差和卫星轨道误差消除的精度由内插系数决定，内插系数选择得越好误差计算得精度就越高。非差误差改正的残差 ξ_U^{pq} 为厘米级，可解算式(5.76)中的整周模糊度。

同卫星 p、q 的非差误差改正过程类似，流动站上卫星 k 经非差误差改正数改正后的 L1 载波相位观测值，消除了卫星钟差及硬件延迟，消除或大大削弱了电离层延迟误差、对流层延迟误差、卫星轨道误差等误差。并通过卫星 k 与卫星 p 的

非差 L1 载波相位观测方程式(5.68)相减，可消除与接收机硬件有关误差的影响。同样也可以将卫星 k 的非差 L1 载波相位观测方程同卫星 q 的观测方程式(5.69)相减，不管选择与哪颗卫星的非差观测方程进行组合，都能很好地对各卫星观测值的误差进行改正。利用上面介绍的 L1 载波相位观测值的非差分类误差改正方法，也可以对各卫星 L2 载波相位观测值的分类误差进行非差改正。将流动站当前历元所有观测卫星的非差双频载波相位观测值，都进行分类误差的非差改正之后，就可进行流动站整周模糊度的解算，主要是宽巷整周模糊度和载波相位整周模糊度的解算，进而实现流动站的厘米级定位。

现有的精密单点定位的误差改正方法，利用基准站网估计出星间单差的卫星硬件延迟(UPD)，然后进行 PPP 用户的星间单差卫星硬件延迟改正(Ge et al, 2008)；根据基准站的 PPP 固定解计算出基准站的非差大气延迟误差，然后计算出 PPP 用户的大气延迟误差改正数(Li et al, 2011)；同时对于卫星钟差和卫星轨道误差，则采用 IGS 的精密卫星星历和卫星钟差进行改正；也可以在基准站上使用精密卫星星历，实时估计出与观测时间同步的卫星钟差，用于 PPP 用户的精密定位(Laurichesse, 2011)；并将对流层延迟误差分离出来，计算出 PPP 用户的对流层延迟误差改正数，用于用户对流层延迟误差的改正，然后 PPP 用户采用无电离层组合观测值进行精密定位。

§5.2 中的非差误差改正方法将各种误差改正数都包含在同一个误差改正数内，即各种误差改正数的计算模型相同，因此可称为是一种非差综合误差内插改正方法。§5.3 中的分类误差非差改正方法是将电离层延迟误差和非发散性误差分离，分别对两种误差进行内插计算，所以这种误差改正方法可称为是非差分类误差内插改正算法。在非发散性误差改正数的计算时，卫星钟差和卫星硬件延迟误差、卫星轨道误差和对流层延迟误差等误差没有被分离开，仍然作为一个整体进行误差改正数的内插计算。因此，§5.2、§5.3 中的方法与目前已有的利用基准站网的 PPP 误差改正方法是不相同的，其最大的不同之处是 PPP 中卫星轨道误差和卫星钟差使用 IGS 的精密星历和精密卫星钟差进行改正，并在基准站上估计卫星硬件延迟用于 PPP 用户的卫星硬件延迟误差改正。使用 IGS 的精密星历进行卫星轨道误差改正，可以保证 PPP 用户在全球范围内进行精密定位。而§5.2、§5.3 中介绍的方法是在使用广播星历的情况下，将卫星轨道误差表示为距离误差，同卫星钟差和卫星硬件延迟误差一起，以非差误差内插方法进行计算，使误差改正方法变得简单有效，在一定区域范围内能够很好地实时消除流动站用户的卫星钟差和卫星硬件延迟误差，改正流动站用户的卫星轨道误差。因为§5.2、§5.3 中的方法是采用广播星历，所以利用基准站网数据进行观测值的非差误差改正具有很好的实时性，可在单历元向流动站用户提供观测值的非差误差改正数。

§5.4　长距离基准站间区域误差非差改正方法实验

网络 RTK 算法和其他差分定位算法的主要目的就是为了计算出高精度的流动站定位误差。非差误差改正数的准确计算以及流动站的非差误差改正，是决定流动站用户能否在长距离基准站网内进行单历元厘米级定位的关键之一，也决定了能否实现基于非差误差改正数的网络 RTK 定位服务模式。使用 CORS 网的实测数据对§5.2、§5.3 中的大范围区域误差非差改正方法进行实验检验，包括非差误差改正方法、分类误差非差改正方法的实验。

5.4.1　非差误差改正方法实验

该算例采用的是江苏 CORS 网 1604 周第 6 天的数据，采样间隔为 15 s，观测时长为 2 h，其中有 3 个基准站 A、B、C 和 1 个流动站，测站分布如图 5.6 所示。

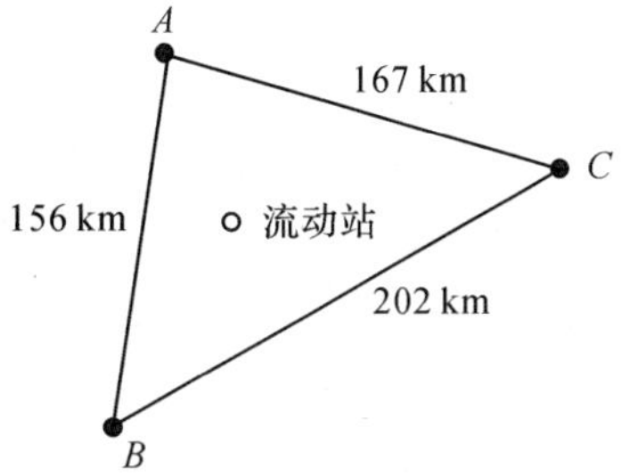

A
167 km
C
156 km
流动站
202 km
B

图 5.6　测站分布

1. 非差伪距观测值误差改正方法实验

基准站非差伪距观测值误差改正数的计算不需要使用非差载波相位模糊度。基准站只需根据各自的非差伪距观测值和精确已知的基准站坐标计算出测站上各颗卫星的非差伪距观测误差，然后提供给流动站用户，流动站用户根据基准站的位置计算出自己的非差伪距误差改正数。5.2.1 节中所述的方法对该组数据做动态单历元处理，内插计算出流动站处的单历元非差伪距误差改正数。2 小时的观测时段中可用卫星数如图 5.7 所示，以 PRN6、PRN16 为例，其在流动站处内插计算出的单历元非差伪距误差改正数如图 5.8、图 5.9 所示。

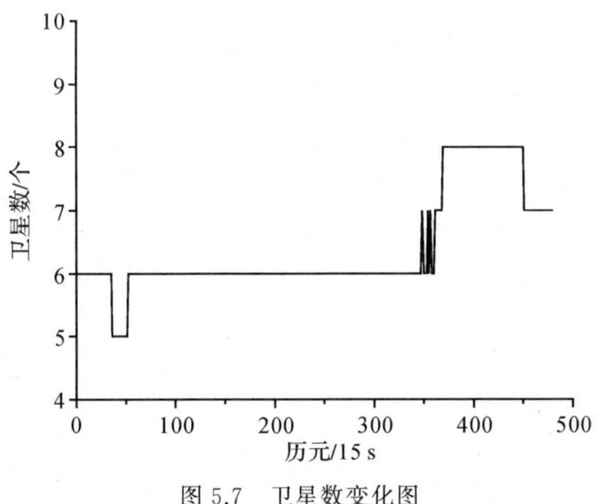

图 5.7　卫星数变化图

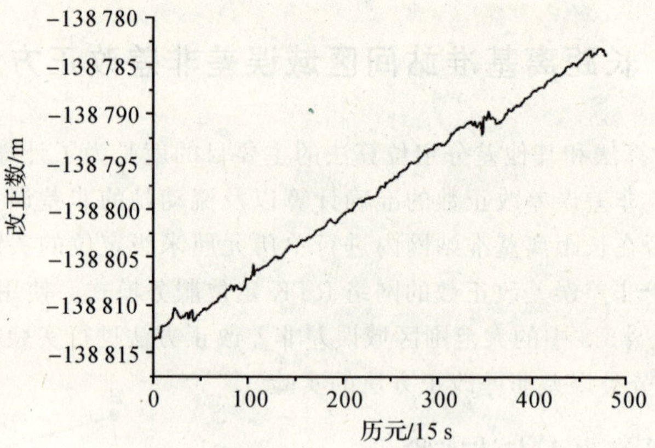

图 5.8 流动站 PRN6 误差改正数序列

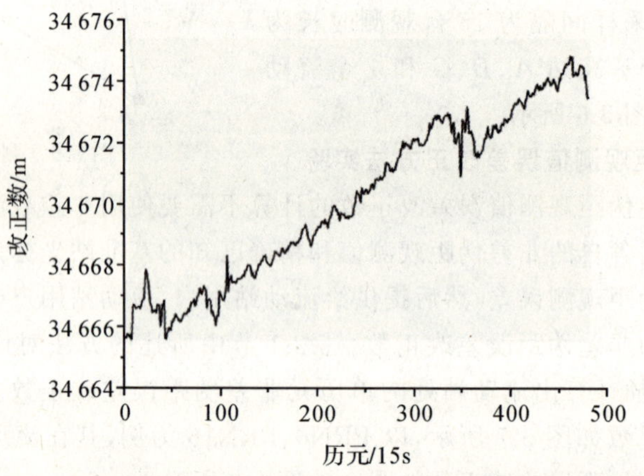

图 5.9 流动站 PRN16 误差改正数序列

根据 5.2.1 节中的非差伪距观测误差改正数的计算公式可知，误差改正数中包含了接收机钟差及硬件延迟误差、卫星钟差及硬件延迟误差、中性大气延迟误差、电离层延迟误差及卫星轨道误差等误差。由于钟差的存在，所以非差伪距观测值的误差改正数较大，可达到上万米。流动站计算出当前历元各观测卫星的非差伪距观测误差改正数，利用误差改正后的伪距观测值进行定位，将定位结果与流动站坐标的精确已知值做差，其三个坐标方向的差值如图 5.10、图 5.11、图 5.12 所示。

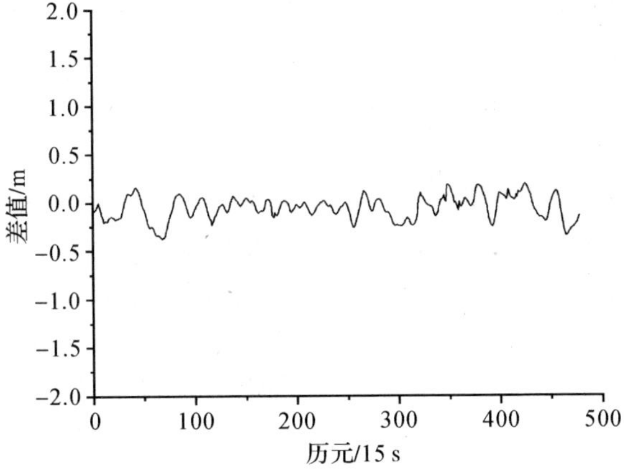

图 5.10　N 方向定位结果差值

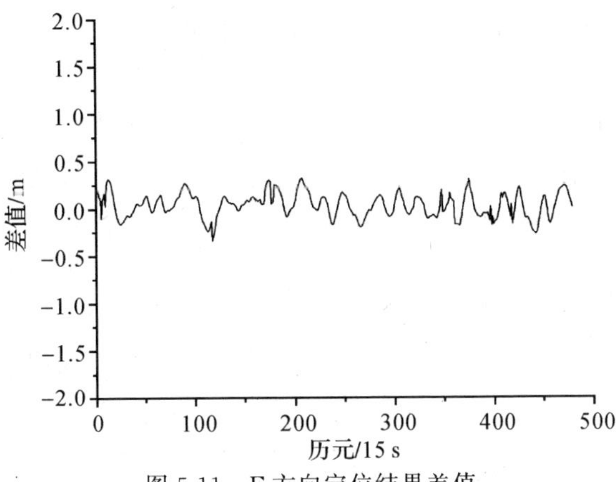

图 5.11　E 方向定位结果差值

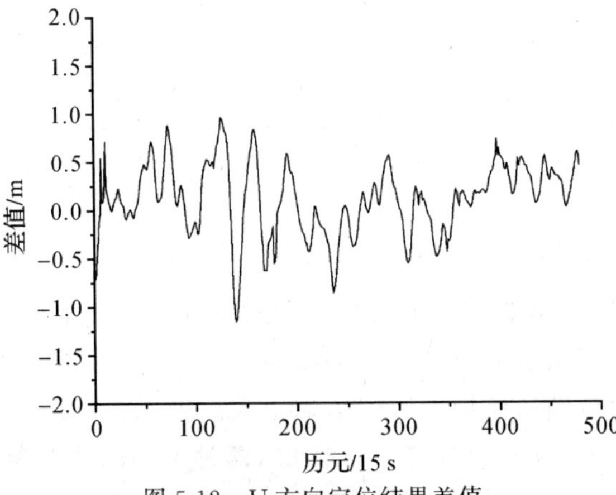

图 5.12　U 方向定位结果差值

图 5.10～图 5.12 中三个坐标分量差值的方均根(RMS)分别为 0.119 m、0.128 m、0.371 m。利用非差伪距误差改正数进行流动站伪距单点定位得到的定位结果要优于一般的伪距单点定位,可以为流动站提供一定精度的初始坐标,为流动站的单历元整周模糊度解算做准备工作。

2. 非差载波相位观测值误差改正方法实验

将该算例三个基准站和一个流动站的载波相位观测数据做动态单历元处理,首先利用§4.2 中的方法单历元确定基准站的整周模糊度。基准站的非差误差改正数计算必须以确定该颗卫星的非差模糊度为前提。可以利用已经固定的基准站双差整周模糊度,计算基准站各卫星的非差模糊度,以卫星 PRN16、PRN6 为例,PRN6 在基准站 B、C 上的非差模糊度为

$$N1_B^6 = N1_A^6 - N1_A^{16} + N1_B^{16} - N1_{AB}^{6\text{-}16} \tag{5.77}$$

$$N1_C^6 = N1_A^6 - N1_A^{16} + N1_C^{16} - N1_{AC}^{6\text{-}16} \tag{5.78}$$

式中,$N1_A^6$ 是 PRN6 在基准站 A 上的非差模糊度;$N1_A^{16}$、$N1_B^{16}$、$N1_C^{16}$ 分别为 PRN16 在基准站 A、B、C 上的非差模糊度,即为非差参考模糊度;$N1_{AB}^{6\text{-}16}$ 为基准站 A、B 上 PRN6 与 PRN16 的双差整周模糊度;$N1_{AC}^{6\text{-}16}$ 为基准站 A、C 上 PRN6 与 PRN16 的双差整周模糊度;$N1_{AB}^{6\text{-}16}=-14$,$N1_{AC}^{6\text{-}16}=-14$。双差整周模糊度 $N1_{AB}^{6\text{-}16}$、$N1_{AC}^{6\text{-}16}$ 是可以确定下来的,而非差模糊度 $N1_A^6$、$N1_A^{16}$、$N1_B^{16}$、$N1_C^{16}$ 的真实值目前是无法单历元准确确定的。在基准站非差误差改正数计算中并不需要使用这些非差模糊度的真实值,可以根据实际需要对这些非差参考模糊度进行取值。表 5.1、表 5.2为第一个历元两组不同的 L1 载波相位非差参考模糊度值。

表 5.1 非差参考模糊度的取值为零

卫星	基准站 A 模糊度	基准站 B 模糊度	基准站 C 模糊度	流动站模糊度
PRN16	0	0	0	10
PRN6	0	$N1_B^6$	$N1_C^6$	

表 5.2 非差参考模糊度的取值非零

卫星	基准站 A 模糊度	基准站 B 模糊度	基准站 C 模糊度	流动站模糊度
PRN16	182 168	182 168	182 179	−911 634
PRN6	−729 476	$N1_B^6$	$N1_C^6$	

表 5.1 中的非差参考模糊度都选为零,表 5.2 中选择的非差参考模糊度非零。表中最后一列为流动站卫星 PRN16-PRN6 的单差模糊度,从表中可以看出非差参考模糊度的选取对流动站模糊度数值影响很大。表 5.1 中的 $N1_A^6=0$、$N1_A^{16}=0$,表 5.2中的 $N1_A^6=-729\ 476$、$N1_A^{16}=182\ 168$,两种不同的非差参考模糊度之间的差异为−729 476−182 168−0−0=−911 644。选择这两种不同的参考模糊度

时，流动站的单差模糊度差异为－911 634－10＝－911 644。所以，这两种不同的非差参考模糊度之间的差异与流动站单差模糊度之间的差异相同。因此，流动站误差改正的效果不受非差参考模糊度数值影响。表 5.3、表 5.4 给出在算法实验中使用的部分历元的 L1、L2 载波相位非零非差参考模糊度。

表 5.3　部分历元的 L1 非差参考模糊度值

历元	PRN6	PRN31	PRN23	PRN3	PRN13	PRN16		
	测站 A	测站 A	测站 A	测站 A	测站 A	测站 A	测站 B	测站 C
1	－729 476	3 973	－551 240	－975 149	－465 351	182 168	182 168	182 179
2	－729 473	3 974	－551 238	－975 148	－465 350	182 170	182 167	182 177
3	－729 473	3 972	－551 240	－975 150	－465 352	182 169	182 167	182 179
4	－729 473	3 971	－551 240	－975 150	－465 353	182 168	182 165	182 180
5	－729 461	3 983	－551 228	－975 139	－465 342	182 180	182 169	182 180

表 5.4　部分历元的 L2 非差参考模糊度值

历元	PRN6	PRN31	PRN23	PRN3	PRN13	PRN16		
	测站 A	测站 A	测站 A	测站 A	测站 A	测站 A	测站 B	测站 C
1	－568 419	3 100	－429 556	－759 860	－362 617	141 949	141 938	141 955
2	－568 418	3 101	－429 554	－759 859	－362 616	141 950	141 937	141 954
3	－568 417	3 099	－429 555	－759 860	－362 617	141 949	141 937	141 956
4	－568 418	3 098	－429 556	－759 861	－362 618	141 949	141 936	141 956
5	－568 408	3 107	－429 546	－759 852	－362 609	141 958	141 939	141 956

如果每个历元都使用如表 5.1 中所示的非差参考模糊度，即 L1、L2 载波相位均以 0 作为非差参考模糊度，计算出流动站 PRN6、PRN16 的非差 L1 载波相位观测值的误差改正数如图 5.13、图 5.14 所示。

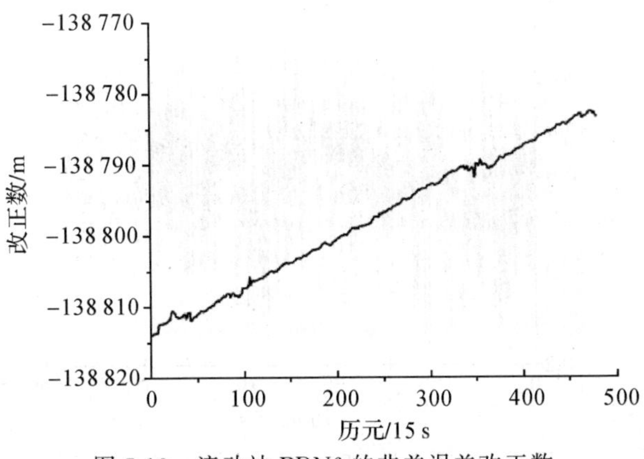

图 5.13　流动站 PRN6 的非差误差改正数

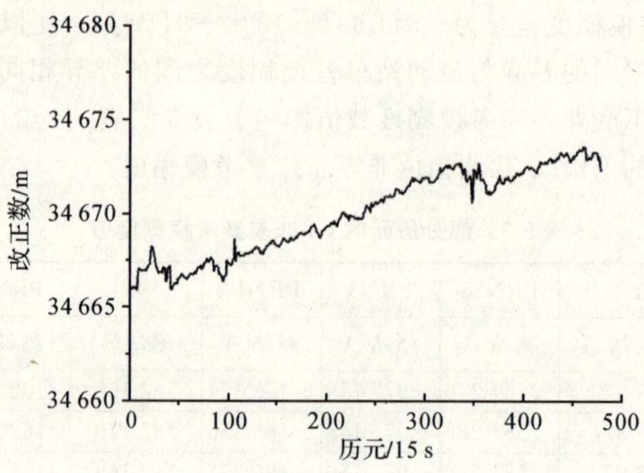

图 5.14　流动站 PRN16 的非差误差改正数

表 5.2 中的 L1 非差参考模糊度为表 5.3 中第一个历元的非差参考模糊度。表 5.3、表 5.4 中各历元的参考模糊度是根据当前历元的非差伪距观测值计算出的非差整周模糊度值。利用这种非差参考模糊度计算出的流动站 L1 非差载波相位误差改正数如图 5.15、图 5.16 所示。

从图 5.13～图 5.16 中可以看出，选择不同的非差参考模糊度，得到的流动站非差误差改正数是完全不同的。这是因为非差误差改正数包含了非差参考模糊度的差异。而非差参考模糊度的差异可通过非差误差改正数传递给流动站，并能够在流动站的整周模糊度中体现出来。所以，选择不同的非差参考模糊度对流动站的非差观测误差改正没有影响。通过第 7 章中的综合实验定位结果能够看出，非差误差改正方法能够很好地改正流动站定位的系统误差。流动站整周模糊度单历元的解算及不同非差参考模糊度对流动站整周模糊度的影响，将在§6.3 节中做详细介绍。

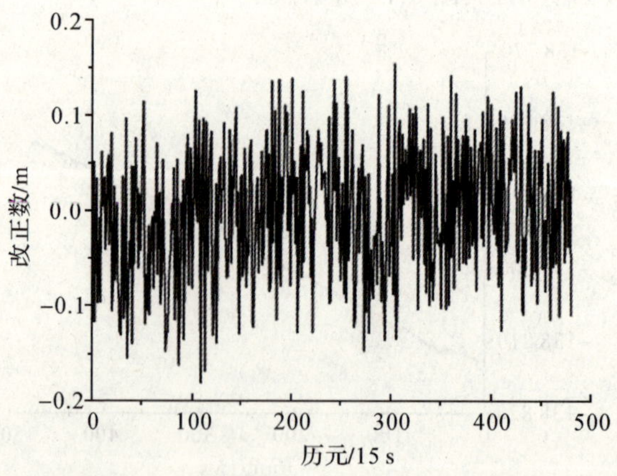

图 5.15　流动站 PRN6 的非差误差改正数

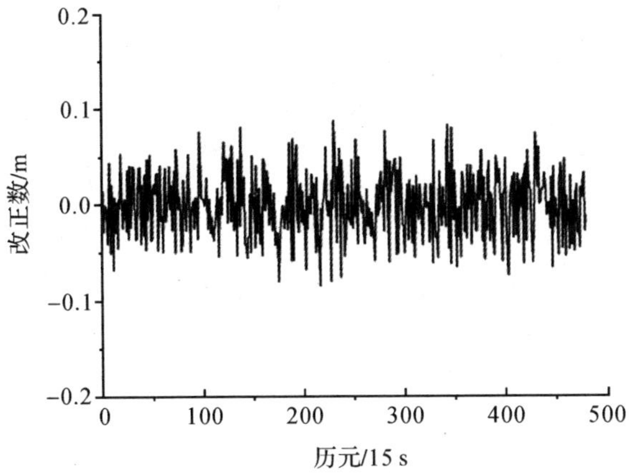

图 5.16　流动站 PRN16 的非差误差改正数

5.4.2　分类误差非差改正方法实验

采用山东 CORS 网的实测数据进行该算法实验，观测时间为 1625 周第 2 天，采样间隔为 5 s，取 2 小时的观测数据。共有 3 个基准站、1 个流动站，测站分布如图 5.17 所示，其中距离最长是基准站 *A* 到 *C* 相距 226 km，最短是基准站 *A* 与 *B* 相距为 180 km。

1. 非差伪距观测值分类误差改正方法实验

基准站根据各自的非差伪距观测值和精确已知的基准站坐标计算出各颗卫星的非差伪距观测误差，非差伪距观测误差分成两部分计算，即非差的电离层延迟误差和非色散性误差。按照 5.3.1 节中所述的方法对该组数据进行动态单历元处理，内插计算出流动站非差伪距观测值的分类误差改正数。在该观测时段内可用卫星数如图 5.18 所示，以 PRN4、PRN10 为例，流动站内插计算出的分类误差改正数如图 5.19～图 5.22 所示。

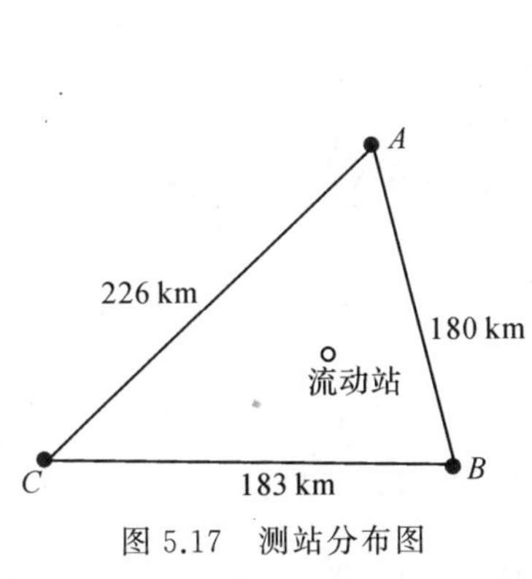

图 5.17　测站分布图

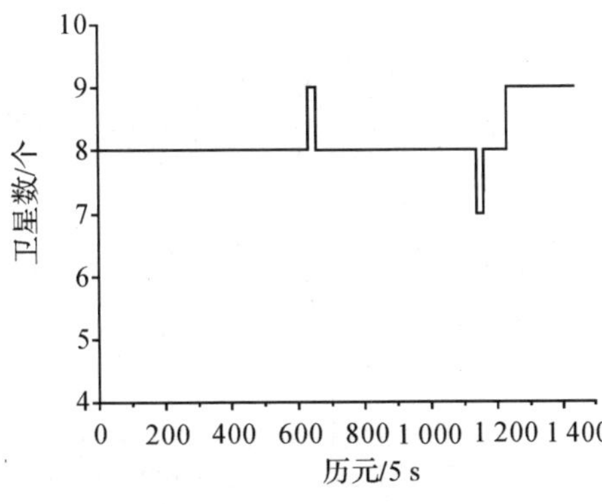

图 5.18　卫星数目变化

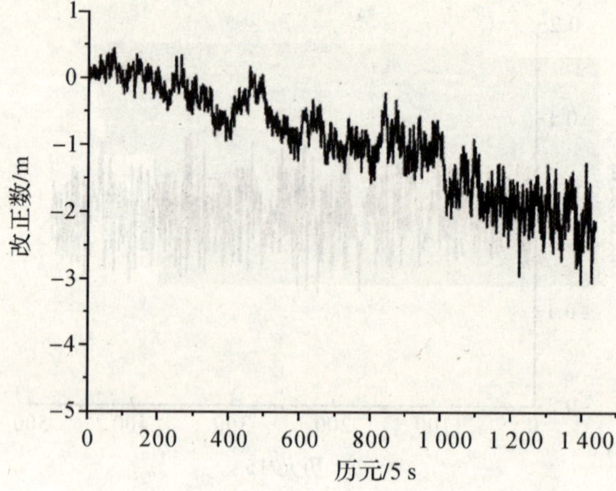

图 5.19　流动站 PRN4 电离层误差改正数

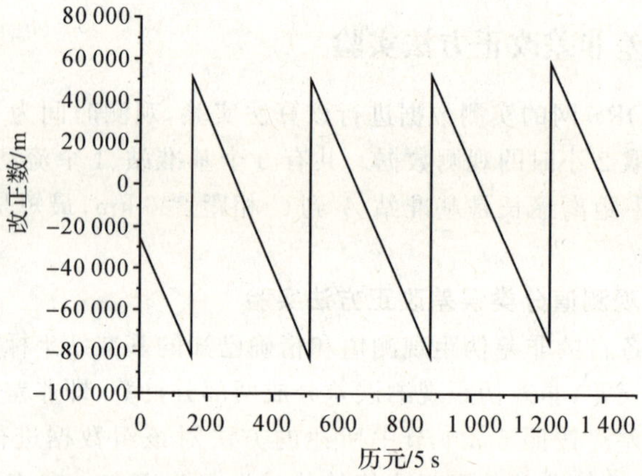

图 5.20　流动站 PRN4 非色散性误差改正数

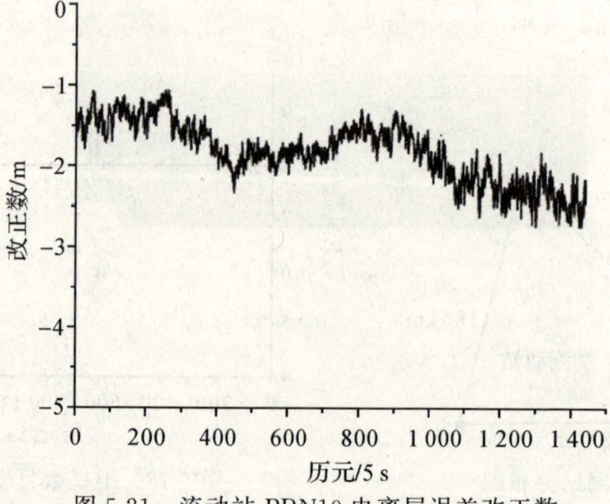

图 5.21　流动站 PRN10 电离层误差改正数

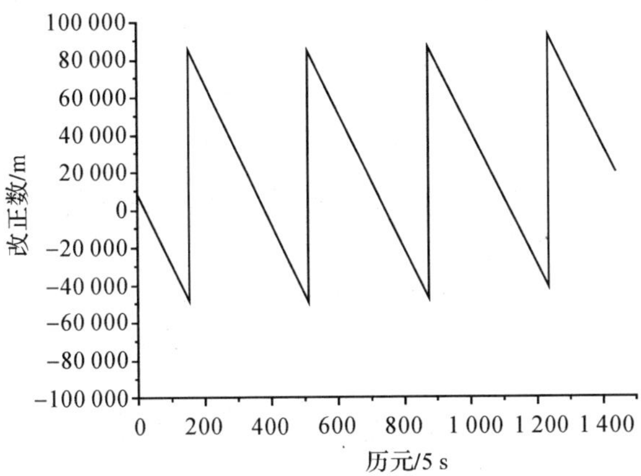

图 5.22　流动站 PRN10 非色散性误差改正数

非色散性误差改正数中包含了接收机钟差及硬件延迟误差、卫星钟差及硬件延迟误差、中性大气延迟误差、卫星轨道误差等误差。由于钟差的存在，所以图 5.20、图 5.22 中的非色散性误差改正数较大，可达到上万米。而且由于接收机钟的硬件设计原因，还会存在接收机钟的跳动，这些钟的跳动也因接收机型号的不同而异。从图 5.20、图 5.22 中可以看出，该组实验数据所采用的接收机存在比较频繁的钟跳，而在图 5.13、图 5.14 中显示，江苏 CORS 网的实验数据中没有出现这样的接收机钟跳情况。流动站计算得到当前历元各观测卫星的非差伪距分类误差改正数之后，可利用误差改正后的非差伪距观测值进行单历元定位，将定位结果与流动站已知坐标做差，其三个坐标方向上的差值如图 5.23～图 5.25 所示。

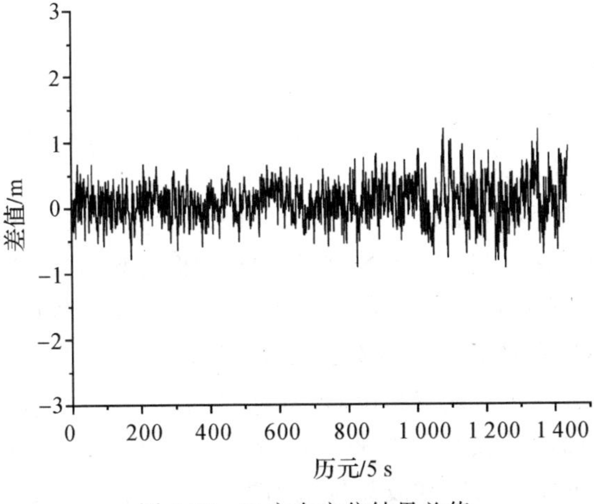

图 5.23　N 方向定位结果差值

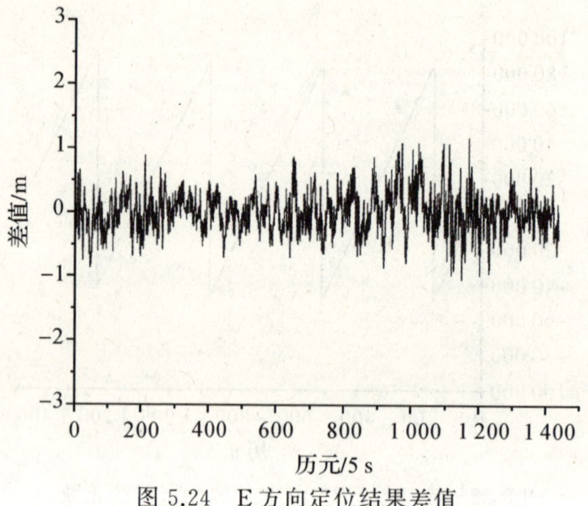

图 5.24 E 方向定位结果差值

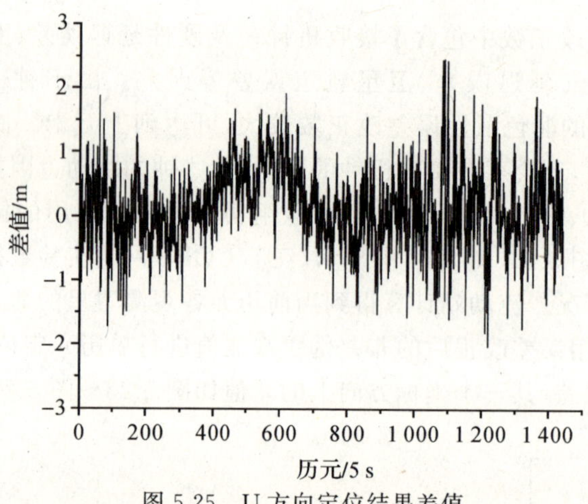

图 5.25 U 方向定位结果差值

图 5.23～图 5.25 中三个坐标分量差值的 RMS 分别为 0.308 m、0.329 m、0.650 m。这种伪距误差改正方法可以为流动站提供一定精度的初始坐标。需要说明的是，伪距观测噪声较大，非差伪距观测值误差改正后的伪距定位结果主要受观测噪声的影响。P1 伪距观测值的分类误差改正数还受 P2 伪距观测值的观测噪声的影响，因此，在进行流动站用户的位置坐标初值计算时，仅使用 5.2.1 节中的伪距误差改正方法即可。

2. 非差载波相位观测值分类误差改正方法实验

使用该组数据进行非差载波相位观测值的分类误差改正方法实验，将该算例三个基准站和流动站的载波相位观测数据做动态单历元处理，首先利用 § 4.2 的方法单历元确定基准站的双频载波相位整周模糊度。流动站分类误差的非差改正数是由各基准站的非差误差改正数内插计算得到的，而基准站的非差误差改正数可利用该颗卫星的非差模糊度和双频载波相位观测值计算。使用基准站的双差整周模糊度，计算基准站各卫星的 L1、L2 载波相位非差模糊度，以卫星 PRN4、PRN10 为例，其 PRN4 的 L1、L2 载波相位非差模糊度为

$$N_{1}{}_{B}^{4}=N_{1}{}_{A}^{4}-N_{1}{}_{A}^{10}+N_{1}{}_{B}^{10}-N_{1}{}_{AB}^{4\text{-}10} \tag{5.79}$$

$$N_{1}{}_{C}^{4}=N_{1}{}_{A}^{4}-N_{1}{}_{A}^{10}+N_{1}{}_{C}^{10}-N_{1}{}_{AC}^{4\text{-}10} \tag{5.80}$$

$$N_{2}{}_{B}^{4}=N_{2}{}_{A}^{4}-N_{2}{}_{A}^{10}+N_{2}{}_{B}^{10}-N_{2}{}_{AB}^{4\text{-}10} \tag{5.81}$$

$$N_{2}{}_{C}^{4}=N_{2}{}_{A}^{4}-N_{2}{}_{A}^{10}+N_{2}{}_{C}^{10}-N_{2}{}_{AC}^{4\text{-}10} \tag{5.82}$$

式中，右边的非差模糊度为参考模糊度，选取不同的非差参考模糊度会影响非差载波相位观测值的分类误差改正数的数值大小。首先将非差参考模糊度的值全部选为零，然后计算 PRN4 的非差模糊度，根据 5.3.2 节中的相应公式可分别计算出 PRN4、PRN10 卫星非差载波相位观测值的电离层延迟误差改正数、非色散性误差改正数，其计算结果如图 5.26～图 5.29 所示。

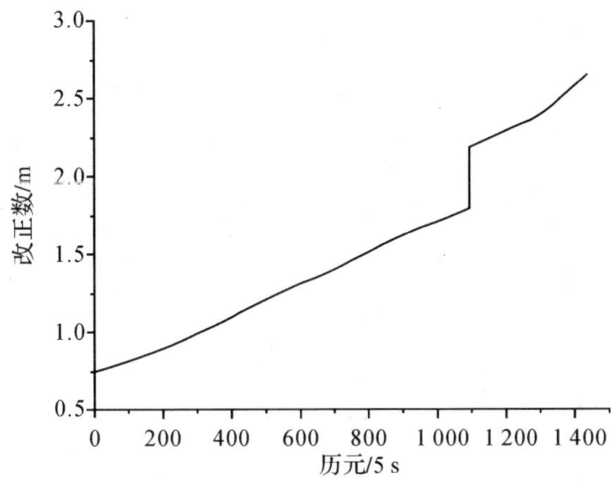

图 5.26　流动站 PRN4 非差电离层误差改正数

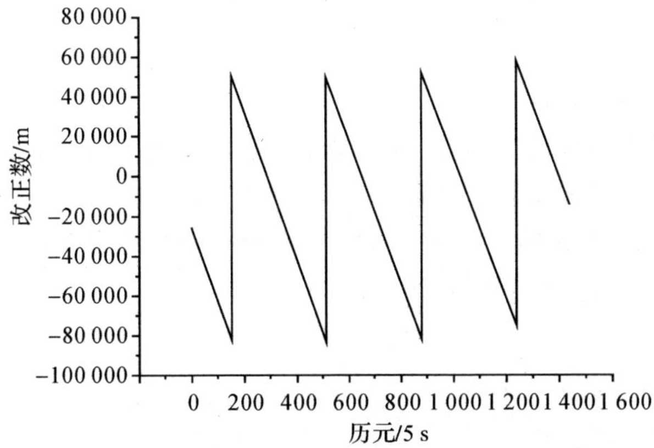

图 5.27　流动站 PRN4 非差非色散性误差改正数

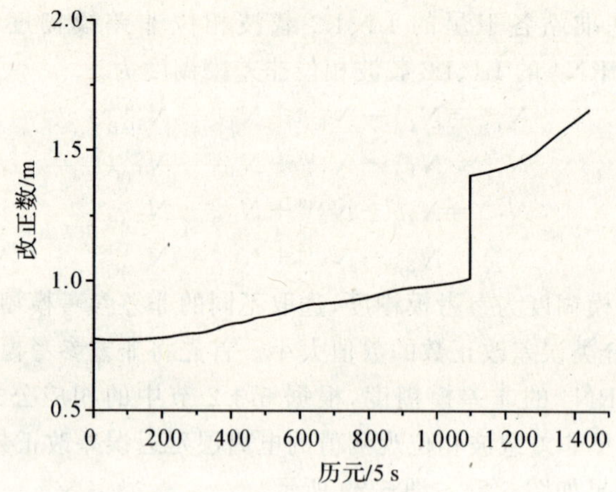

图 5.28　流动站 PRN10 非差电离层误差改正数

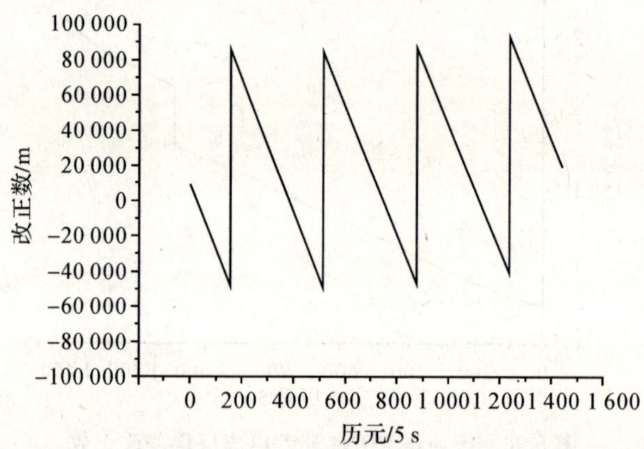

图 5.29　流动站 PRN10 非差非色散性误差改正数

由于钟差的存在，所以图 5.27、图 5.29 中的非色散性误差改正数数值较大。而且由于接收机钟存在跳变现象，从图 5.27、图 5.29 中可以看出，非色散性误差改正数值出现了数次较大的跳动，这种情况在计算伪距观测值的非色散性误差改正数时也曾出现。如果使用非零的非差参考模糊度，如表 5.5、表 5.6 所示，为前 5 个历元的 L1、L2 载波相位的非差参考模糊度值，该参考模糊度是根据当前历元的伪距观测值计算出的非差整周模糊度。

表 5.5　L1 非差参考模糊度结果

历元	PRN4	PRN17	PRN2	PRN12	PRN13	PRN5	PRN23	PRN10		
	测站 *A*	测站 *A*	测站 *A*	测站 *A*	测站 *A*	测站 *A*	测站 *A*	测站 *A*	测站 *B*	测站 *C*
1	−193 059	−406 208	−625 656	−80 900	−559 331	75 188	−625 985	−10 617	−399 712	749 904
2	−197 452	−410 600	−630 048	−85 293	−563 723	70 796	−630 377	−15 010	−399 185	749 266
3	−201 843	−414 991	−634 439	−89 684	−568 115	66 405	−634 768	−19 401	−398 658	748 629
4	−206 234	−419 382	−638 830	−94 075	−572 505	62 014	−639 159	−23 791	−398 133	747 991
5	−210 625	−423 773	−643 221	−98 466	−576 896	57 623	−643 550	−28 182	−397 607	747 352

表 5.6　L2 非差参考模糊度结果

历元	PRN4	PRN17	PRN2	PRN12	PRN13	PRN5	PRN23	PRN10		
	测站 *A*	测站 *A*	测站 *A*	测站 *A*	测站 *A*	测站 *A*	测站 *A*	测站 *A*	测站 *B*	测站 *C*
1	−150 439	−316 531	−487 524	−63 042	−435 853	58 578	−487 782	−8 277	−311 465	584 340
2	−153 862	−319 953	−490 946	−66 465	−439 275	55 156	−491 205	−11 699	−311 054	583 843
3	−157 284	−323 375	−494 368	−69 887	−442 697	51 734	−494 626	−15 121	−310 644	583 346
4	−160 705	−326 796	−497 789	−73 308	−446 118	48 313	−498 047	−18 542	−310 234	582 849
5	−164 127	−330 218	−501 211	−76 729	−449 540	44 891	−501 469	−21 964	−309 825	582 352

利用表 5.5、表 5.6 中的非差参考模糊度计算出基准站各卫星的分类误差改正数，然后内插计算出流动站非差 L1 载波相位观测值的电离层延迟误差及非色散性误差改正数，流动站 PRN4、PRN10 的非差误差改正数计算结果如图 5.30～图5.33 所示。

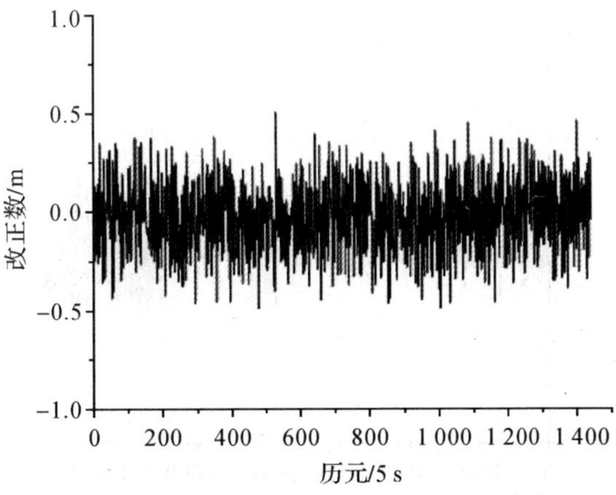

图 5.30　流动站 PRN4 非差电离层误差改正数

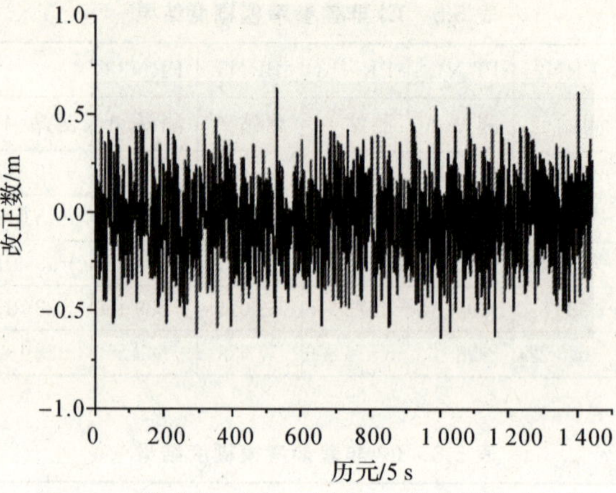

图 5.31　流动站 PRN4 非差非色散性误差改正数

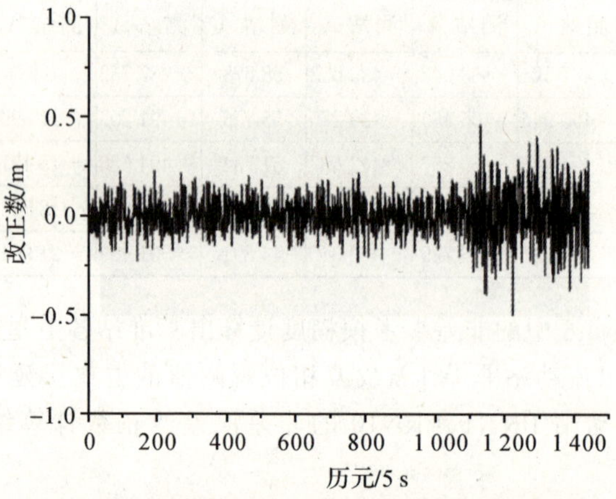

图 5.32　流动站 PRN10 非差电离层误差改正数

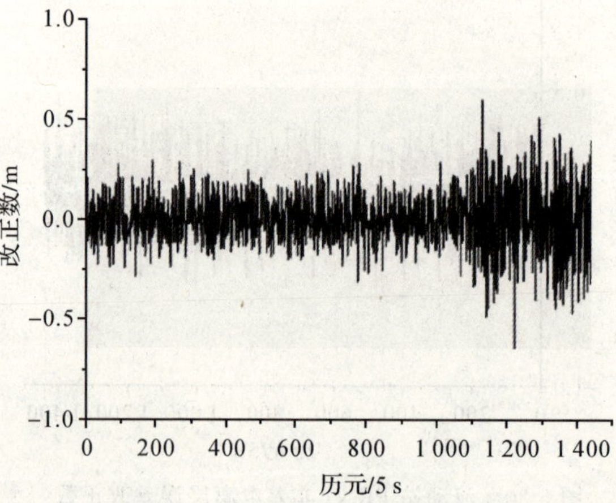

图 5.33　流动站 PRN10 非差非色散性误差改正数

从图 5.26～图 5.33 中可以看出选择不同的非差参考模糊度，计算出的非差 L1 载波相位电离层延迟误差改正数，及非色散性误差改正数的数值差异较大，特别是非色散性误差改正数。这主要是因为表 5.5、表 5.6 中的非零参考模糊度是通过伪距观测值计算得到的，而模糊度中包含了接收机钟差、卫星钟差等误差的影响。因此，这个模糊度值就能够抵消非差 L1 载波相位观测值的大部分接收机钟差影响，从而使改正数值变小。虽然，在非差参考模糊度取值不同时，改正数的数值变化很大，但流动站误差改正的效果是不变的。如前面非差载波相位观测值误差改正方法实验中所述，不同非差参考模糊度的差异，可以通过解算出的流动站单差整周模糊度体现出来，对流动站误差改正的效果没有影响。而流动站宽巷模糊度数值受 L1、L2 载波相位非差参考模糊度数值的影响，即使用表 5.5、表 5.6 中的非零参考模糊度与参考模糊度为零时，流动站的宽巷模糊度数值不同，并且宽巷模糊度值的差异与两种不同的 L1、L2 载波相位参考模糊度数值的差异相同。流动站整周模糊度单历元解算的具体情况，将在 § 6.3 中做重点介绍，这里不再赘述。

第6章　长距离网络 RTK 流动站的整周模糊度解算

在网络 RTK 定位中,基准站的载波相位整周模糊度正确固定之后,可以计算出高精度的区域误差,建立区域误差改正模型,并消除流动站载波相位观测值的误差影响,接下来的主要算法就是流动站载波相位观测值的整周模糊度解算。网络 RTK 流动站用户整周模糊度的实时动态解算就成为了实现流动站高精度定位的关键之一。

理论上模糊度是一个整数,但是在站星间的原始载波相位观测值中,由于包含有各种观测误差带来的非整数偏差,将整数模糊度与非整数偏差分离出来十分困难。解算整周模糊度,必须消除所有非整数的偏差,或是将所有偏差影响减小到小于载波相位波长的一半。网络 RTK 定位中,无论采用双差定位模式,还是使用观测值的非差误差改正数,都可以消除卫星钟差和接收机钟差的影响,消除或大大削弱电离层延迟误差、对流层延迟误差、卫星轨道误差等误差的影响,能够保持流动站载波相位观测值模糊度的整数特性。

国内外很多学者对流动站整周模糊度实时动态解算做了大量的研究,并得到了许多实用的方法。本章首先介绍几种已有的整周模糊度实时动态解算方法,然后详细介绍一种长距离网络 RTK 流动站整周模糊度的单历元解算方法。

§6.1　流动站实时动态整周模糊度解算方法

整周模糊度的解算方法有许多种,其中有些只适用于静态和快速静态定位,可用于实时或准实时动态定位的整周模糊度解算方法主要有最小二乘搜索法、模糊度协方差法等。下面介绍几种可用于流动站载波相位整周模糊度实时解算的方法。

6.1.1　最小二乘模糊度搜索法

最小二乘模糊度搜索法(Hatch,1990)的基本思想是,在所有的双差整周模糊度中只要确定三个双差整周模糊度(即基本模糊度组),其他双差整周模糊度即可唯一确定。最小二乘搜索法可分为三个步骤。

1. 确定初始坐标并建立双差整周模糊度的搜索空间

测站初始坐标可采用双差伪距观测值利用最小二乘算法计算得到。在求得初始坐标后,以伪距最小二乘解的精度作为指标建立一个三维坐标搜索空间,以该空间的八个顶点坐标和选择的三个基本双差观测值分别计算出相应的载波相位模糊度初值，然后根据每个顶点上计算得到的模糊度初值，确定三个基本双差整周模糊度各自的最大整数值 $N^i_{\max}$ 和最小整数值 $N^i_{\min}$。搜索空间中的双差整周模糊度组合总数为

$$K=\prod_{i=1}^{3}(N^i_{\max}-N^i_{\min}+1) \tag{6.1}$$

2. 最小二乘搜索

最小二乘搜索的步骤为

(1)从整周模糊度搜索空间中选取一组待检测的整周模糊度组合，利用相应的三个双差观测值计算出动态点位的三维坐标。

(2)利用求得的动态点位坐标计算其他双差载波相位观测值的整周模糊度。

(3)根据步骤(1)、(2)中得到的双差整周模糊度，利用该历元所有的双差载波相位观测值再次进行最小二乘解算，得到动态点位的三维坐标及相应的残差向量 $\boldsymbol{V}$。

(4)计算方差因子 $\hat{\sigma}_0^2$

$$\hat{\sigma}_0^2=\frac{\boldsymbol{V}^{\mathrm{T}}\boldsymbol{Q}^{-1}\boldsymbol{V}}{n-u} \tag{6.2}$$

式中，$\boldsymbol{V}$ 为残差向量；$\boldsymbol{Q}$ 为双差载波相位观测值的协因数矩阵；n 为双差载波相位观测值的个数；u 为未知数的个数。若 $\hat{\sigma}_0^2$ 小于某一限值，将该组整周模糊度组合及 $\hat{\sigma}_0^2$ 值保留下来，否则将该组整周模糊度组合剔除。

(5)重复步骤(1)～(4)，直到检测完所有的整周模糊度组合。

3. 固定整周模糊度

如果进行第二步“最小二乘搜索”后仅剩下一组整周模糊度，则该组整周模糊度为正确的整周模糊度值。否则对保留下来的 $\hat{\sigma}_0^2$ 值进行基于固定解中次小与最小后验方差比检验(Ratio 值检验)。

$$\mathrm{Ratio}=\frac{(\boldsymbol{V}^{\mathrm{T}}\boldsymbol{Q}^{-1}\boldsymbol{V})_{\mathrm{sec}}}{(\boldsymbol{V}^{\mathrm{T}}\boldsymbol{Q}^{-1}\boldsymbol{V})_{\min}}=\frac{\hat{\sigma}^2_{0\mathrm{sec}}}{\hat{\sigma}^2_{0\min}} \tag{6.3}$$

若 Ratio 值大于某一限值(一般选取为大于 2 的常值)，则认为 $\hat{\sigma}_0^2$ 最小所对应的整周模糊度组合为正确的整周模糊度，否则需要增加更多历元的观测数据进行最小二乘搜索，直到剩下唯一的一组整周模糊度或 Ratio 大于某一限值为止。

在最小二乘搜索法的基础上，Abidin(1993)提出了集成 OTF 方法。集成 OTF 方法继承了最小二乘搜索法的基本特点，但在整周模糊度搜索空间的建立及搜索方法上都做了较大的改进。集成 OTF 方法采用了顾及几何位置的时空性和整周模糊度之间数学相关性的椭球搜索空间，替代了最小二乘搜索法的立方体搜索空间。

$$(\hat{\boldsymbol{N}}-\widetilde{\boldsymbol{N}})^{\mathrm{T}}\boldsymbol{Q}_{\hat{N}\hat{N}}^{-1}(\hat{\boldsymbol{N}}-\widetilde{\boldsymbol{N}})<\chi_{3,1-\alpha}^{2} \tag{6.4}$$

式中，$\widetilde{\boldsymbol{N}}$ 为模糊度参数的实数估值；$\hat{\boldsymbol{N}}$ 表示双差模糊度的整数估值；$\boldsymbol{Q}_{\hat{N}\hat{N}}$ 为初始基本模糊度组的协方差矩阵；$\chi_{3,1-\alpha}^{2}$ 为 3 个自由度；置信水平为 $1-\alpha$ 的 χ^{2} 分布百分位值。

最小二乘搜索法和集成 OTF 法都采用了基本模糊度组的思想，有助于减少整周模糊度搜索空间中整周模糊度组合的数量，提高了整周模糊度的搜索效率，但也存在一些问题。例如，如何选择基本模糊度组，如果基本模糊度组中出现卫星失锁则必须重新开始搜索过程，对剩余卫星的周跳不敏感等。

6.1.2　模糊度协方差法

模糊度协方差法不是指某一种特定的实时动态整周模糊度解算方法，而是一类实时动态整周模糊度解算方法的总称。这一类方法的共同特点是将模糊度参数作为未知参数向量的一部分，从平差处理结果中得到模糊度的协方差矩阵。模糊度的搜索过程就是寻找使残差平方和最小的整周模糊度组合。

模糊度协方差法可以用混合整数最小二乘估计来描述。设历元 k 的双差载波相位观测值可用下式表示

$$\boldsymbol{Y}_k=\boldsymbol{A}_k\boldsymbol{X}_k+\boldsymbol{B}_k\boldsymbol{N}+\varepsilon_k \quad \boldsymbol{N}\in\mathbb{Z}^n \ \boldsymbol{X}_k\in\mathbb{R}^m \tag{6.5}$$

式中，$\boldsymbol{Y}_k$ 为历元 k 的双差载波相位观测值减计算值向量；$\boldsymbol{X}_k$ 为历元 k 流动站的位置坐标改正数向量（实数）；$\boldsymbol{N}$ 为双差整周模糊度向量（整数）；$\boldsymbol{A}_k$、$\boldsymbol{B}_k$ 分别为 $\boldsymbol{X}_k$、$\boldsymbol{N}$ 的系数矩阵；ε_k 为载波相位的观测噪声；$\mathbb{Z}^n$ 为 n 维整数空间；$\mathbb{R}^m$ 为 m 维实数空间。

式(6.5)的最小二乘估计准则为

$$\Omega_k=(\boldsymbol{Y}_k-\boldsymbol{A}_k\hat{\boldsymbol{X}}_k-\boldsymbol{B}_k\hat{\boldsymbol{N}})^{\mathrm{T}}\boldsymbol{Q}_{yy}^{-1}(\boldsymbol{Y}_k-\boldsymbol{A}_k\hat{\boldsymbol{X}}_k-\boldsymbol{B}_k\hat{\boldsymbol{N}})=\min \tag{6.6}$$

式中，$\hat{\boldsymbol{N}}$ 表示双差整周模糊度的整数估值；$\hat{\boldsymbol{X}}_k$ 表示 $\boldsymbol{X}_k$ 的实数解；$\boldsymbol{Q}_{yy}$ 表示观测值向量 $\boldsymbol{Y}_k$ 的协方差矩阵。

由于在式(6.5)中有模糊度参数的整数约束条件，所以式(6.6)不能用常规的最小二乘法求解，它是一个混合最小化问题，不存在解析解。通常的做法是将式(6.6)的混合最小化问题转化为一个普通的最小化问题和一个整数最小化问题。于是式(6.5)改写成

$$\boldsymbol{Y}_k=\boldsymbol{A}_k\boldsymbol{X}_k+\boldsymbol{B}_k\boldsymbol{N}+\varepsilon_k \tag{6.7}$$

$$\boldsymbol{N}=\hat{\boldsymbol{N}} \tag{6.8}$$

式中，模糊度参数 $\boldsymbol{N}$ 首先以实数变量进行估计，并将进一步由约束条件式(6.8)固定为整数。当采用约束条件式(6.8)求解线性模型式(6.7)时，最小化准则为

$$\Omega_k=(\boldsymbol{Y}_k-\boldsymbol{A}_k\widetilde{X}_k-\boldsymbol{B}_k\widetilde{N})^{\mathrm{T}}\boldsymbol{Q}_{yy}^{-1}(\boldsymbol{Y}_k-\boldsymbol{A}_k\widetilde{X}_k-\boldsymbol{B}_k\widetilde{\boldsymbol{N}})+(\widetilde{\boldsymbol{N}}-\hat{\boldsymbol{N}})^{\mathrm{T}}\boldsymbol{Q}_{\widetilde{N}\widetilde{N}}^{-1}(\widetilde{\boldsymbol{N}}-\hat{\boldsymbol{N}})=\min \tag{6.9}$$

式(6.9)与式(6.6)是等价的。根据式(6.9),式(6.6)可以分解为两步求解。

第一步,首先对式(6.7)进行无约束最小二乘平差,有

$$\Omega_k'=(\boldsymbol{Y}_k-\boldsymbol{A}_k\widetilde{\boldsymbol{X}}_k-\boldsymbol{B}_k\widetilde{\boldsymbol{N}})^{\mathrm{T}}\boldsymbol{Q}_{yy}^{-1}(\boldsymbol{Y}_k-\boldsymbol{A}_k\widetilde{\boldsymbol{X}}_k-\boldsymbol{B}_k\widetilde{\boldsymbol{N}})=\min \tag{6.10}$$

第二步,模糊度参数的整数值可由以下最小化问题解决

$$\Omega_k''=(\widetilde{\boldsymbol{N}}-\hat{\boldsymbol{N}})^{\mathrm{T}}\boldsymbol{Q}_{\widetilde{N}\widetilde{N}}^{-1}(\widetilde{\boldsymbol{N}}-\hat{\boldsymbol{N}})=\min \tag{6.11}$$

$$\Omega_k=\Omega_k'+\Omega_k'' \tag{6.12}$$

由于式(6.11)中 $\hat{\boldsymbol{N}}$ 是整数值,因而这一最小化问题也不存在解析解,它只能用整周模糊度搜索方法来求解。

模糊度估值 $\widetilde{\boldsymbol{N}}$ 及其协方差矩阵 $\boldsymbol{Q}_{\widetilde{\boldsymbol{N}}\widetilde{\boldsymbol{N}}}$ 的估计仅利用了一个历元的观测数据,因而是一个局部解。当有多个历元的观测数据时,可用多个历元的观测数据来求解 $\widetilde{\boldsymbol{N}}$ 及 $\boldsymbol{Q}_{\widetilde{\boldsymbol{N}}\widetilde{\boldsymbol{N}}}$,其模型为

$$\boldsymbol{Y}_k=\boldsymbol{A}_i\boldsymbol{X}_i+\boldsymbol{B}_i\boldsymbol{N}+\varepsilon_i,\quad i=1,2,3,\cdots,k \tag{6.13}$$

$$\boldsymbol{N}=\hat{\boldsymbol{N}} \tag{6.14}$$

如果假设各历元观测数据不相关,与单历元求解类似,整周模糊度的解算也可分两步进行。

第一步,模糊度参数 $\boldsymbol{N}$ 及未知参数 $\boldsymbol{X}$ 的实数估值由以下最小二乘准则估计

$$\Omega_{k/k}'=\sum_{i=1}^{k}\left[(\boldsymbol{Y}_i-\boldsymbol{A}_i\widetilde{\boldsymbol{X}}_i-\boldsymbol{B}_i\widetilde{\boldsymbol{N}})^{\mathrm{T}}\boldsymbol{Q}_{yy}^{-1}(i)(\boldsymbol{Y}_i-\boldsymbol{A}_i\widetilde{\boldsymbol{X}}_i-\boldsymbol{B}_i\widetilde{\boldsymbol{N}})\right]=\min \tag{6.15}$$

第二步,根据第一步求得的模糊度实数估值 $\widetilde{\boldsymbol{N}}$,模糊度参数的整数全局解由求解式(6.16)的最小化问题得到

$$\Omega_{k/k}''=(\widetilde{\boldsymbol{N}}-\hat{\boldsymbol{N}})^{\mathrm{T}}\boldsymbol{Q}_{\widetilde{\boldsymbol{N}}\widetilde{\boldsymbol{N}}}^{-1}(k/k)(\widetilde{\boldsymbol{N}}-\hat{\boldsymbol{N}})=\min \tag{6.16}$$

$$\Omega_{k/k}=\Omega_{k/k}'+\Omega_{k/k}'' \tag{6.17}$$

与单历元求解类似,也只能用搜索的方法解算。式(6.16)与式(6.11)的区别在于式(6.16)中用到的模糊度浮点估值 $\widetilde{\boldsymbol{N}}$ 及其协方差矩阵 $\boldsymbol{Q}_{\widetilde{\boldsymbol{N}}\widetilde{\boldsymbol{N}}}(k/k)$ 是使用所有可用历元的观测数据得到的,而式(6.11)仅使用了单历元的观测数据。

正确整周模糊度的搜索过程实质上是使式(6.16)或式(6.11)最小化的过程。

在这一类实时动态整周模糊度解算方法中,Frei 等(1990)提出了用于快速静态定位整周模糊度解算的 FARA 方法,在此之后出现了一些可用于动态定位的模糊度协方差方法,这些方法在整周模糊度搜索空间的定义以及加快搜索计算速度方面都取得了很大的成功。其中比较著名的模糊度协方差方法有:优化 Cholesky

分解法(Euler et al,1992;Hatch et al,1994),FASA 方法(Chen,1994),LAMBDA 方法(Teunissen,1995)等。

各种模糊度协方差方法的共同优点在于它们都以“近似最优”的方式应用所有的观测信息,因此往往只需要较少的搜索历元来确定正确的整周模糊度。当然这一类方法也有一些缺点,例如当整周模糊度搜索失败时,难以确定导致失败的原因。但基于整数最小二乘理论和在模糊度域内搜索的模糊度协方差搜索算法仍被认为是目前最好的一类整周模糊度解算方法。

6.1.3　单历元整周模糊度搜索法

高星伟(2002)提出了单历元流动站载波相位整周模糊度搜索法,其基本思想是不求解方程组,直接利用模糊度为整数和双频整周模糊度之间存在的线性关系进行模糊度搜索。在常规的模糊度解算方法中,即使流动站的综合误差得到了很好的消除,但由于仍含有三维坐标和双差整周模糊度等未知数,单历元载波相位观测方程组仍是秩亏的,无法单历元解算。与常规方法相比,单历元流动站整周模糊度搜索法的主要优点有:整周模糊度备选值个数很少,各颗双差卫星的整周模糊度可以单独进行搜索。因为是单历元模糊度搜索,所以不受周跳的影响,还可以在差分改正后双差观测值中仍有较大的残差,或坐标初值精度不高的情况下正常解算流动站的整周模糊度。由式(2.15)可得流动站去掉卫星和测站标志后的双差观测方程

$$\lambda_1 \cdot \Delta\nabla\Phi_1 = \Delta\nabla\rho - \lambda_1 \cdot \Delta\nabla N_1 + \Delta\nabla\delta_1 \tag{6.18}$$

$$\lambda_2 \cdot \Delta\nabla\Phi_2 = \Delta\nabla\rho - \lambda_2 \cdot \Delta\nabla N_2 + \Delta\nabla\delta_2 \tag{6.19}$$

由于经过基准站网的双差综合误差改正,其中各项观测误差已经被消除,$\Delta\nabla\delta$ 为误差残差,几何距离计算值是未知的,由式(6.18)、式(6.19)可得

$$\Delta\nabla N_1 = \frac{\lambda_2}{\lambda_1}\Delta\nabla N_2 + \frac{\lambda_2}{\lambda_1}\Delta\nabla\Phi_2 - \Delta\nabla\Phi_1 \tag{6.20}$$

式(6.20)可以简化为

$$\widetilde{N}_1 = k\widetilde{N}_2 + b \tag{6.21}$$

$$\left.\begin{aligned} &\text{斜率}: k = \frac{\lambda_2}{\lambda_1} = \frac{77}{60} = 1.28\dot{3} \\ &\text{斜距}: b = \frac{77}{60}\Delta\Phi_2 - \Delta\Phi_1 \\ &\widetilde{N}_1 = \Delta\nabla N_1,\quad \widetilde{N}_1 \in \mathbb{Z} \\ &\widetilde{N}_2 = \Delta\nabla N_2,\quad \widetilde{N}_2 \in \mathbb{Z} \end{aligned}\right\} \tag{6.22}$$

利用双频模糊度之间的线性关系式(6.21)和模糊度为整数的条件对载波相位模糊度进行单历元解算。根据式(6.21),任一给定的 N_2,有唯一的 N_1 与之相对

应。由于直线方程的斜率为 $k=77/60$，所以理论上 L1 和 L2 载波相位模糊度的备选值有无穷多对，并且具有周期性，即 L1 的整周模糊度变化 77 周，L2 的整周模糊度变化 60 周。实际应用当中，由于误差改正后的残差影响和载波相位测量精度的限制，完全满足式(6.21)的模糊度是很难找到的，可利用式(6.21)近似地找到双频模糊度的备选值。该方法对于单历元模糊度解算主要分三步进行。

第一步，流动站观测值的误差消除与削弱。可使用基准站网的差分改正数消除或削弱流动站双差观测值的综合观测误差。

第二步，流动站双差整周模糊度备选值的选取。流动站坐标初值误差和改正后的流动站双差误差残差对双差观测方程的影响是有限的。例如，双差 P 码观测值的观测噪声一般在 20～60 cm，如果基准站的双差整周模糊度准确固定，使用综合误差内插法进行流动站的误差改正，其残余误差最大不会超过 10 cm(高星伟，2002)，对于 L2 载波相位模糊度初值的影响也只有数周大小。根据经过差分改正后的流动站双差载波相位观测方程计算双差模糊度的初值，并使用式(6.21)在模糊度搜索空间中找出整周模糊度的备选值。

第三步，在寻找出双频载波相位模糊度的备选值后，就可以进行双差整周模糊度的确定。可用假设的方法，如果流动站的坐标初值达到了一定精度，就可以用直接取整的方法固定流动站的整周模糊度。如果流动站的初始坐标精度不高，则可以通过其他的模糊度判定方法确定出流动站的整周模糊度，例如最小二乘搜索法等。

6.1.4　分步消元整周模糊度确定方法

分步消元整周模糊度确定方法(唐卫明，2006)含有两层意思，一是分步，即先确定宽巷整周模糊度，然后确定 L1、L2 载波相位整周模糊度。二是消元，即首先消去坐标参数，仅留下整周模糊度参数。消去动态定位中不断变化的坐标参数后，可以采用卡尔曼滤波或序贯最小二乘来动态确定整周模糊度。分步消元法先求解宽巷整周模糊度的浮点解，再使用 LAMBDA 方法进行宽巷整周模糊度搜索。当宽巷整周模糊度确定后，则利用宽巷整周模糊度来确定 L1、L2 载波相位的整周模糊度。

1. 消元算法

设在双差定位模式中有如下式的观测方程

$$\boldsymbol{AX}+\boldsymbol{BY}=\boldsymbol{L}+\boldsymbol{V},\boldsymbol{P} \tag{6.23}$$

式中，$\boldsymbol{X}$ 是坐标参数向量；$\boldsymbol{Y}$ 是整周模糊度参数向量；$\boldsymbol{P}$ 为权矩阵；$\boldsymbol{A}$ 是坐标参数向量的系数矩阵；$\boldsymbol{B}$ 是整周模糊度参数向量的系数矩阵；$\boldsymbol{L}$ 是已知观测值向量；$\boldsymbol{V}$ 是观测方程的偏差。在动态定位中，坐标参数向量 $\boldsymbol{X}$ 的维数是不断变化的，即随着历元数的增加坐标参数个数将不断增加，因此可以消除 $\boldsymbol{X}$，以简化观测方程。观测

方程式(6.23)的法方程为

$$\begin{bmatrix}\boldsymbol{A}^{\mathrm{T}}\boldsymbol{PA} & \boldsymbol{A}^{\mathrm{T}}\boldsymbol{PB}\\ \boldsymbol{B}^{\mathrm{T}}\boldsymbol{PA} & \boldsymbol{B}^{\mathrm{T}}\boldsymbol{PB}\end{bmatrix}\begin{bmatrix}\boldsymbol{X}\\ \boldsymbol{Y}\end{bmatrix}=\begin{bmatrix}N_{11} & N_{12}\\ N_{21} & N_{22}\end{bmatrix}\begin{bmatrix}\boldsymbol{X}\\ \boldsymbol{Y}\end{bmatrix}=\begin{bmatrix}\boldsymbol{A}^{\mathrm{T}}\boldsymbol{PL}\\ \boldsymbol{B}^{\mathrm{T}}\boldsymbol{PL}\end{bmatrix} \tag{6.24}$$

设 $Z=N_{21}N_{11}^{-1}$，式(6.24)右边中乘以 $\begin{bmatrix}\boldsymbol{I} & 0\\ -N_{21}N_{11}^{-1} & \boldsymbol{I}\end{bmatrix}$，得

$$\begin{bmatrix}\boldsymbol{I} & 0\\ -N_{21}N_{11}^{-1} & \boldsymbol{I}\end{bmatrix}\begin{bmatrix}N_{11} & N_{12}\\ N_{21} & N_{22}\end{bmatrix}=\begin{bmatrix}N_{11} & N_{12}\\ 0 & -N_{21}N_{11}^{-1}N_{12}+N_{22}\end{bmatrix} \tag{6.25}$$

设 $\widetilde{N}_{22}=\boldsymbol{B}^{\mathrm{T}}\boldsymbol{PB}-\boldsymbol{B}^{\mathrm{T}}\boldsymbol{PA}N_{11}^{-1}\boldsymbol{A}^{\mathrm{T}}\boldsymbol{PB}$ 和 $\boldsymbol{J}=\boldsymbol{A}N_{11}^{-1}\boldsymbol{A}^{\mathrm{T}}\boldsymbol{P}$，则

$$\widetilde{N}_{22}=\boldsymbol{B}^{\mathrm{T}}(\boldsymbol{I}-\boldsymbol{J})^{\mathrm{T}}\boldsymbol{P}(\boldsymbol{I}-\boldsymbol{J})\boldsymbol{B} \tag{6.26}$$

又设 $\widetilde{\boldsymbol{B}}=(\boldsymbol{I}-\boldsymbol{J})\boldsymbol{B}$，则可得到新的法方程为

$$\widetilde{\boldsymbol{B}}^{\mathrm{T}}\boldsymbol{P}\widetilde{\boldsymbol{B}}\boldsymbol{Y}=\widetilde{\boldsymbol{B}}^{\mathrm{T}}\boldsymbol{PL} \tag{6.27}$$

同样，可以得到新的观测方程为

$$\widetilde{\boldsymbol{B}}^{\mathrm{T}}\boldsymbol{Y}=\boldsymbol{L}+\boldsymbol{U},\boldsymbol{P} \tag{6.28}$$

2. 确定双差宽巷整周模糊度

使用消元算法消去宽巷观测方程中的坐标参数，可以得到仅以宽巷整周模糊度为参数 $\boldsymbol{Y}$ 的观测方程

$$\begin{bmatrix}\boldsymbol{I}\cdot\lambda_{\mathrm{W}}\\ \widetilde{\boldsymbol{B}}\end{bmatrix}\boldsymbol{Y}=\begin{bmatrix}L_{\mathrm{MW}}\\ L_{\mathrm{W}}\end{bmatrix} \tag{6.29}$$

式中，$\widetilde{\boldsymbol{B}}$ 为新观测方程中的宽巷载波相位观测值的系数矩阵；λ_{W} 为宽巷载波相位观测值的波长；$\boldsymbol{Y}$ 为未知参数即宽巷模糊度向量；$\boldsymbol{I}$ 为单位矩阵；L_{MW} 为 M-W 组合观测值；L_{W} 为以米为单位的宽巷载波相位观测值。

在单个历元情况下，可以直接用式(6.29)求解宽巷模糊度的浮点解。对多个历元求解，L_{MW} 为所有历元 M-W 组合观测值的平均值，宽巷载波相位观测值部分则用法方程叠加或序贯最小二乘平差的方法解算宽巷模糊度的浮点解。

利用求出的宽巷模糊度浮点解和协方差矩阵，使用 LAMBDA 方法就可以搜索出多组宽巷模糊度及 Ratio 值，搜索多组宽巷模糊度的目的是为了比较宽巷模糊度备选组的残差平方和(SOSR)。

宽巷整周模糊度确定成功的判断标准为

$$\left.\begin{aligned}&\mathrm{Ratio}>M\\ &\boldsymbol{V}_{\mathrm{W}}^{\mathrm{T}}\boldsymbol{P}\boldsymbol{V}_{\mathrm{W}}=\min\end{aligned}\right\} \tag{6.30}$$

式中，M 为正数，一般为 3.0；$\boldsymbol{V}$ 为残差。

3. L1、L2 载波相位双差整周模糊度的确定

在仅以宽巷模糊度为参数的式(6.29)中，宽巷整周模糊度已经固定，下一步就是通过已知的双差宽巷整周模糊度求出 L1、L2 载波相位整周模糊度，重新建立观

测方程。双差宽巷整周模糊度与L1、L2双差载波相位整周模糊度的关系为

$$\nabla\Delta N_{\mathrm{W}} = \nabla\Delta N_1 - \nabla\Delta N_2 \tag{6.31}$$

无电离层载波相位组合的模糊度为

$$\nabla\Delta N_{LC} = \nabla\Delta N_1 - \frac{f_2}{f_1}\cdot\nabla\Delta N_2 \tag{6.32}$$

将式(6.31)、式(6.32)组合，得到

$$\nabla\Delta N_{LC} = \nabla\Delta N_1 - \frac{f_2}{f_1}(\nabla\Delta N_1 - \nabla\Delta N_{\mathrm{W}}) = \frac{f_1 - f_2}{f_1}\nabla\Delta N_1 + \frac{f_2}{f_1}\nabla\Delta N_{\mathrm{W}} \tag{6.33}$$

将式(6.33)代入载波相位无电离层组合的观测方程就可得到关于$\nabla\Delta N_1$的观测方程。为了能够多个历元同时求解模糊度，按照消元法消去每个历元的位置坐标参数，则只剩下L1载波相位模糊度参数，$\widetilde{\boldsymbol{B}}$为新的系数矩阵。可由确定的宽巷模糊度通过解算位置坐标参数计算出$\nabla\Delta N_1$，作为虚拟的L1载波相位模糊度观测值放入观测方程中。得到仅以L1载波相位模糊度为参数$\boldsymbol{Y}$的观测方程

$$\begin{bmatrix} \boldsymbol{I}\cdot\lambda_1 \\ \widetilde{\boldsymbol{B}} \end{bmatrix}\boldsymbol{Y} = \begin{bmatrix} L_{\mathrm{W}} \\ L_{LC} \end{bmatrix} \tag{6.34}$$

式中，$\widetilde{\boldsymbol{B}}$为新的系数矩阵；$\lambda_1$为L1载波观测值的波长；$\boldsymbol{Y}$为L1载波相位模糊度向量；$\boldsymbol{I}$为单位矩阵；$L_{\mathrm{W}}$为由宽巷模糊度通过位置坐标解算计算出的$\nabla\Delta N_1$模糊度；$L_{LC}$为以米为单位的无电离层组合观测值。

按照式(6.34)可以得到L1载波相位模糊度的浮点解和协方差阵，然后用LAMBDA方法就可以搜索出多组模糊度及Ratio值，并比较它们的残差平方和(SOSR)。根据宽巷模糊度与双频模糊度间的组合关系可以计算出每组$\nabla\Delta N_1$模糊度对应的L2载波相位模糊度$\nabla\Delta N_2$。最后按照下面的标准来确定载波相位的整周模糊度

$$\left.\begin{aligned} &\mathrm{Ratio} > M \\ &\boldsymbol{V}_{LC}^{\mathrm{T}}\boldsymbol{P}\boldsymbol{V}_{\mathrm{LC}} = \min \\ &|(kN_2 + b) - N_1| < \delta \end{aligned}\right\} \tag{6.35}$$

式中，M为正数，一般取3.0；$\boldsymbol{V}$为残差；δ为一个给定的正数；$(kN_2+b)-N_1$为利用$\nabla\Delta N_2$根据式(6.21)计算出的L1载波相位模糊度与搜索出的$\nabla\Delta N_1$进行比较的结果。

§6.2　长距离网络RTK流动站整周模糊度的单历元解算方法

长距离网络RTK流动站整周模糊度的单历元解算方法首先推导了流动站上各种类型观测值模糊度之间的线性约束关系，利用L1载波相位模糊度与宽巷模糊度间的线性约束关系在宽巷模糊度搜索空间内选取宽巷模糊度备选值，使用模

糊度两步搜索方法进行宽巷模糊度搜索，并确定宽巷整周模糊度。宽巷模糊度固定之后，将宽巷模糊度代入载波相位观测值的无电离层组合观测方程，再进行 L1 载波相位模糊度的解算，最后将流动站的整周模糊度全部准确地确定出来。该方法可以在流动站使用非差误差改正数的情况下，进行流动站整周模糊度的单历元解算，即能够在使用长距离网络 RTK 非差区域误差改正方法进行流动站误差改正后，单历元解算出流动站的整周模糊度。

6.2.1 流动站整周模糊度单历元解算的策略

非差误差改正后的流动站 L1 载波相位单差观测方程如式(5.46)或式(5.85)所示，按照 5.2.2 节或 5.3.2 节中的误差改正方法可对 L2 载波相位观测方程进行非差误差改正。使用 5.2.2 节或 5.3.2 节中的误差改正方法进行非差误差改正之后，能够消除观测值中的卫星钟差及卫星硬件延迟、接收机钟差及接收机硬件延迟，基本消除或大大削弱了对流层延迟误差、电离层延迟误差和卫星轨道误差等误差。可将当前历元所有观测卫星的双频载波相位星间单差观测方程简化为式(6.36)、式(6.37)。由于消除或大大削弱了各种观测误差，因此，式(6.36)、式(6.37)中的模糊度保持了整数特性，可以进行流动站整周模糊度的单历元解算。

$$\frac{c}{f_1}\Delta\Phi_1=\Delta H\cdot\delta X+\Delta\rho_0-\frac{c}{f_1}\Delta N_1+\Delta\xi_{I_1}+\Delta\xi_T+\Delta\varepsilon_1 \tag{6.36}$$

$$\frac{c}{f_2}\Delta\Phi_2=\Delta H\cdot\delta X+\Delta\rho_0-\frac{c}{f_2}\Delta N_2+\frac{f_1^2}{f_2^2}\cdot\Delta\xi_{I_1}+\Delta\xi_T+\Delta\varepsilon_2 \tag{6.37}$$

由式(6.36)、式(6.37)可得流动站宽巷载波相位星间单差观测值的观测方程

$$\frac{c}{f_1-f_2}\Delta\Phi_W=\Delta H\cdot\delta X+\Delta\rho_0-\frac{c}{f_1-f_2}\Delta N_W-\frac{f_1}{f_2}\cdot\Delta\xi_{I_1}+\Delta\xi_T+\Delta\varepsilon_W \tag{6.38}$$

式中，各符号与 5.2.2 节和 5.3.2 节中的流动站载波相位观测方程中的各符号含义相同；Δ 为流动站卫星间单差的操作符；ξ_{I_1} 为 L1 载波相位观测值非差电离层延迟误差改正的残差；ξ_T 为流动站非差非色散性误差改正的残差。将式(6.36)、式(6.37)相减，整理后得到流动站上双频载波相位模糊度间的线性约束关系

$$\Delta N_2=\frac{f_2}{f_1}\Delta N_1+\frac{f_2}{f_1}\Delta\Phi_1-\Delta\Phi_2-\frac{f_2}{c}\cdot\left(\Delta\xi_{I_1}-\frac{f_1^2}{f_2^2}\cdot\Delta\xi_{I_1}\right)+\Delta\varepsilon_{12} \tag{6.39}$$

即

$$\Delta N_2=\frac{60}{77}\Delta N_1+\frac{60}{77}\Delta\Phi_1-\Delta\Phi_2-\frac{f_2}{c}\cdot\left(\Delta\xi_{I_1}-\frac{f_1^2}{f_2^2}\cdot\Delta\xi_{I_1}\right)+\Delta\varepsilon_{12} \tag{6.40}$$

因为基准站整周模糊度已经准确确定，能够得到高精度的基准站非差误差改正数。通过建立的高精度单历元区域电离层延迟改正模型，可以对流动站的双频观测值进行非差电离层延迟误差改正，消除大部分电离层延迟误差的影响，非差电

离层延迟误差改正后的残差较小，不影响流动站整周模糊度的解算，并忽略流动站载波相位观测值的噪声。则式(6.40)可表示为

$$\Delta N_2=\frac{60}{77}\Delta N_1+\frac{60}{77}\Delta\Phi_1-\Delta\Phi_2 \tag{6.41}$$

式(6.41)是流动站上双频载波相位模糊度的线性约束关系，给定一个 L1 载波相位的模糊度就有唯一的一个 L2 载波相位的模糊度与之对应，双频载波相位模糊度的线性约束关系主要受电离层延迟误差的残差及观测噪声的综合影响。如果各种误差能够完全被消除，则双频模糊度备选组合的变化关系严格为 60/77，即 ΔN_1 变化 77 周，ΔN_2 变化 60 周，这种情况与式(6.20)是一致的。实际上，由于非差电离层延迟误差的残差及观测噪声的综合影响并不能完全消除，所以双频载波相位整周模糊度备选值不是严格按照 60/77 变化的，而是根据误差残差的影响大小按照式(6.41)的约束自由变化的。利用非差误差改正后的流动站伪距观测值计算出流动站的初值坐标，并求解 L1 载波相位模糊度的初值，然后确定其搜索范围。根据式(6.41)的线性约束关系在搜索空间中寻找双频载波相位模糊度备选值。

将式(6.36)、式(6.38)相减，得到宽巷模糊度与 L1 载波相位模糊度间的线性约束关系

$$\Delta N_{\mathrm{W}}=\frac{f_1-f_2}{f_1}\Delta N_1+\frac{f_1-f_2}{f_1}\Delta\Phi_1-\Delta\Phi_{\mathrm{W}}-\frac{f_1-f_2}{c}\left(\Delta\xi_{I_1}+\frac{f_1}{f_2}\cdot\Delta\xi_{\mathrm{I}_1}\right)+\Delta\varepsilon_{1\mathrm{W}} \tag{6.42}$$

即

$$\begin{aligned}\Delta N_{\mathrm{W}}&=\frac{17}{77}\cdot\Delta N_1+\frac{17}{77}\cdot\Delta\Phi_1-\Delta\Phi_{\mathrm{W}}-\frac{f_1-f_2}{c}\left(\Delta\xi_{I_1}+\frac{f_1}{f_2}\cdot\Delta\xi_{\mathrm{I}_1}\right)+\Delta\varepsilon_{1\mathrm{W}}\\&=\frac{17}{77}\Delta N_1-\frac{60}{77}\Delta\Phi_1+\Delta\Phi_2-\frac{f_1-f_2}{c}\left(\Delta\xi_{\mathrm{I}_1}+\frac{f_1}{f_2}\cdot\Delta\xi_{\mathrm{I}_1}\right)+\Delta\varepsilon_{1\mathrm{W}}\end{aligned} \tag{6.43}$$

因为本书第 5 章中的区域误差非差改正方法能够很好地消除流动站非差电离层延迟误差，可忽略非差电离层延迟误差残差及流动站载波相位观测噪声，可以得到式(6.43)的简化形式

$$\Delta N_{\mathrm{W}}=\frac{17}{77}\cdot\Delta N_1+\frac{17}{77}\cdot\Delta\Phi_1-\Delta\Phi_{\mathrm{W}} \tag{6.44}$$

式(6.44)是流动站上宽巷模糊度与 L1 载波相位模糊度之间的线性约束关系。求出宽巷模糊度的初值以后，给定宽巷模糊度的搜索范围大小，确定宽巷模糊度搜索空间。按照式(6.44)结合 L1 载波相位模糊度搜索空间中的模糊度备选值，在宽巷模糊度搜索空间当中寻找宽巷模糊度备选值，保留经过式(6.44)挑选的宽巷模糊度和 L1 模糊度的备选值。

式(6.41)、式(6.44)的约束关系是相关的，根据式(6.44)确定的宽巷整周模糊度备选值，在式(6.41)约束的双频模糊度搜索空间中可以找到相应的双频模糊度备选值与之对应。

线性约束关系对模糊度备选值的约束能力强弱是由观测噪声和非差误差的残差影响决定的，流动站载波相位的观测噪声和非差误差的残差越小，式(6.41)、式(6.44)中的各类型观测值整周模糊度间的约束关系就越强。反之，在误差的残差和观测噪声影响越大的情况下，线性关系对模糊度的约束能力就越弱。式(6.41)、式(6.44)的约束能力强弱可用以下定义来描述：利用假设是正确的 L1 载波相位模糊度值按照两种线性关系求出 L2 载波相位模糊度和宽巷模糊度，如果求出的 L2 载波相位模糊度值和宽巷模糊度值越接近于正确值，那么就认为式(6.41)、式(6.44)的约束能力越强，反之就认为约束能力越弱。

一般情况下，高高度角卫星的观测噪声和非差电离层延迟误差的残差较小，线性约束关系对模糊度备选值的约束能力较强，并能保证模糊度备选值的可靠性。而对于低高度角卫星，由于观测值受到的干扰和影响相对于高高度角卫星可能会较大，所以线性约束关系的约束能力就比较弱，虽然也能在一定程度上挑选出满足线性约束关系的模糊度备选值，但同高高度角卫星相比，线性关系的约束能力减弱。因此，按照高度角对宽巷整周模糊度和载波相位整周模糊度分组进行解算，即将所有观测卫星按照高度角分为两组。在保证一定位置精度衰减因子(PDOP)值的情况下，高高度角卫星作为一组先进行模糊度解算，低高度角卫星为另外一组，待高高度角卫星的整周模糊度确定之后再对低高度角卫星进行模糊度解算。

长距离网络 RTK 中，由于作业范围较大，所以有些卫星误差改正之后的残差可能比较大(主要是低高度角卫星)，而影响线性关系的约束能力。由式(6.41)、式(6.44)可知，非色散性误差对这两个线性关系不产生影响，它们主要受非差电离层延迟误差残差的影响，而电离层延迟误差又是网络 RTK 误差改正中比较难处理的。因此，在区域误差计算的时候，一定要尽可能地提高电离层误差改正数的计算精度。电离层改正精度越高，线性关系式(6.41)、式(6.44)的约束能力就越强，如果电离层延迟改正达到非常高的精度，甚至可以直接利用线性关系确定模糊度，而不需观测方程组的解算和模糊度搜索。线性关系的约束能力强，表现为模糊度备选值的变化周期大，在非常理想的条件下，没有任何误差的影响，那么线性关系的约束能力最强，模糊度备选值的变化周期最大，即 L1 载波相位模糊度备选值变化周期为 77 周。线性关系的约束能力弱，则表现为模糊度备选值的变化周期比较小。对于 L1 和 L2 载波相位而言，如果模糊度变化周期降至 2～3 周或更少时，线性约束关系的有效作业长度为 0.38～0.57 m(以 L1 载波相位波长为准)，不会超过 0.57 m。而对宽巷模糊度而言，宽巷模糊度备选值的最小变化周期是 1 周，即其最短的有效作业长度也有 0.86 m。因此，根据宽巷模糊度的长波长特性，首先利用整周模糊度间的约束关系，进行宽巷整周模糊度的解算，然后再确定载波相位的整周模糊度，并采用模糊度两步搜索法。

6.2.2　宽巷整周模糊度的单历元解算

根据卫星高度角对所有观测卫星进行分组，首先在保证一定 PDOP 值的情况下，选择高度角较高的卫星进行宽巷模糊度解算，一般取高度角大于 30°的卫星。高高度角卫星的观测噪声较小，非差电离层延迟误差的改正精度较高，所以，误差的残差和观测噪声的综合影响小，线性约束关系的约束能力较强。利用式(6.44)在宽巷模糊度的搜索范围内选取宽巷模糊度的备选值，组成宽巷模糊度的搜索空间。

将选择出的 n_1 颗单差卫星的伪距和宽巷载波相位观测方程写成误差方程组的形式，其矩阵形式可表示为

$$\begin{bmatrix} V_{\mathrm{P}} \\ V_{L_{\mathrm{W}}} \end{bmatrix} = \begin{bmatrix} \boldsymbol{H} & 0 \\ \boldsymbol{H} & -\boldsymbol{I}\cdot\lambda_{\mathrm{W}} \end{bmatrix} \begin{bmatrix} \boldsymbol{X} \\ \boldsymbol{N}_{\mathrm{W}} \end{bmatrix} - \begin{bmatrix} P \\ L_{\mathrm{W}} \end{bmatrix} \tag{6.45}$$

如果流动站上具有双频 P 码伪距观测值，则在观测方程组中增加 M-W 组合观测值，增强对宽巷模糊度的约束，则误差方程组的矩阵形式为

$$\begin{bmatrix} V_{P} \\ V_{\mathrm{MW}} \\ V_{L_{\mathrm{W}}} \end{bmatrix} = \begin{bmatrix} \boldsymbol{H} & 0 \\ 0 & \boldsymbol{I}\cdot\lambda_{\mathrm{W}} \\ \boldsymbol{H} & -\boldsymbol{I}\cdot\lambda_{\mathrm{W}} \end{bmatrix} \begin{bmatrix} \boldsymbol{X} \\ \boldsymbol{N}_{\mathrm{W}} \end{bmatrix} - \begin{bmatrix} P \\ \mathrm{MW} \\ L_{\mathrm{W}} \end{bmatrix} \tag{6.46}$$

式(6.45)、式(6.46)中，$\boldsymbol{H}$ 是由各卫星方向余弦组成的系数矩阵；$\boldsymbol{X}$ 为流动站坐标改正向量；$\boldsymbol{N}_{\mathrm{W}}$ 为宽巷整周模糊度向量；λ_{W} 为宽巷载波相位的波长；$\boldsymbol{I}$ 为单位矩阵；P、L_{W} 分别为测距码观测值、宽巷观测值与几何距离之差；MW 为 M-W 组合观测值。需要说明的是式(6.45)、式(6.46)在单历元进行最小二乘解算的前提条件是 $n_1 \geqslant 3$，如果不满足，就根据高度角大小依次增加该卫星组中的卫星数目。

得到流动站解算宽巷模糊度的误差方程组后，就可进行宽巷整周模糊度的两步搜索，整周模糊度的两步搜索法的具体实现过程如下。

第一步搜索：当 n_1 大于 3 时，对式(6.45)进行最小二乘解算，法方程及其解为

$$\begin{gathered} \boldsymbol{N}\cdot\boldsymbol{Y}+\boldsymbol{U}=0 \\ \boldsymbol{Y}=-\boldsymbol{N}^{-1}\boldsymbol{U} \end{gathered} \tag{6.47}$$

式中，$\boldsymbol{Y}=[\boldsymbol{X}\quad \boldsymbol{N}_{\mathrm{W}}]^{\mathrm{T}}$；$\boldsymbol{N}=\begin{bmatrix} \boldsymbol{H} & 0 \\ \boldsymbol{H} & -\boldsymbol{I}\cdot\lambda_{\mathrm{W}} \end{bmatrix}^{\mathrm{T}}\begin{bmatrix} \boldsymbol{H} & 0 \\ \boldsymbol{H} & -\boldsymbol{I}\cdot\lambda_{\mathrm{W}} \end{bmatrix}$；$\boldsymbol{U}=\begin{bmatrix} \boldsymbol{H} & 0 \\ \boldsymbol{H} & -\boldsymbol{I}\cdot\lambda_{\mathrm{W}} \end{bmatrix}^{\mathrm{T}}\begin{bmatrix} P \\ L_{\mathrm{W}} \end{bmatrix}$。

如果有误差方程组式(6.46)，也可对其进行最小二乘解算。由于单历元伪距观测值的精度较低，即使使用了基准站的非差伪距观测值误差改正信息进行误差改正，也会影响最小二乘解算的估值精度。宽巷模糊度浮点解的精度不高，所以模糊度的搜索空间会比较大。较大的模糊度搜索空间会引入过多的错误模糊度组

合，增加宽巷模糊度单历元确定的难度，甚至会导致宽巷模糊度搜索失败。如果宽巷模糊度搜索空间中备选模糊度组合的数量能大大减少，那么得到正确宽巷模糊度组合的搜索效率就会明显提高。根据式(6.44)可以对宽巷模糊度搜索空间中的备选值进行筛选，保留满足式(6.44)的宽巷模糊度备选值，剔除不满足该式的备选值。可使 n_1 维宽巷模糊度搜索空间中的错误模糊度组合大大减少，提高了单历元宽巷模糊度搜索的效率和准确性。在此基础上使用模糊度两步搜索方法，可进一步剔除多余的宽巷模糊度备选组合，保证宽巷模糊度固定的准确性和成功率。

从最小二乘解算结果中得到宽巷模糊度的方差-协方差矩阵，并对其进行降相关处理，然后在宽巷模糊度搜索空间内对各宽巷模糊度组合进行整数最小二乘搜索，该模糊度搜索空间是利用式(6.44)进行整周模糊度备选值选择后确定的。搜索的结果不是唯一的一组宽巷模糊度组合，而是依次搜索出多组最优的宽巷模糊度组合。

第二步搜索：将第一步搜索过程中搜索出的多组最优的宽巷模糊度组合回代入宽巷载波相位观测方程，利用宽巷载波相位观测值再次进行最小二乘解算，得到流动站的位置坐标改正量及相应的残差向量 $\boldsymbol{V}_{L_\mathrm{W}}$，并计算方差因子 $\sigma_0^2=\dfrac{\boldsymbol{V}_{L_\mathrm{W}}^\mathrm{T}\boldsymbol{Q}_{L_\mathrm{W}}^{-1}\boldsymbol{V}_{L_\mathrm{W}}}{n_1-3}$，$\boldsymbol{Q}_{L_\mathrm{W}}$ 为宽巷载波相位观测值的协因数矩阵，n_1 为宽巷载波相位观测值的个数，3 为坐标改正数的个数。

对得到的多个 σ_0^2 值进行 Ratio 检验。

$$\mathrm{Ratio}=\frac{(\boldsymbol{V}_{L_\mathrm{W}}^\mathrm{T}\boldsymbol{Q}_{L_\mathrm{W}}^{-1}\boldsymbol{V}_{L_\mathrm{W}})_\mathrm{sec}}{(\boldsymbol{V}_{L_\mathrm{W}}^\mathrm{T}\boldsymbol{Q}_{L_\mathrm{W}}^{-1}\boldsymbol{V}_{L_\mathrm{W}})_\mathrm{min}}=\frac{\sigma_{0\mathrm{sec}}^2}{\sigma_{0\mathrm{min}}^2} \tag{6.48}$$

若 Ratio 大于某一限值(一般取为大于 3 的常数)，则方差最小值所对应的模糊度参数组合为正确的宽巷模糊度。

当 n_1 个宽巷整周模糊度确定之后，将其转化为距离观测值，再计算剩余卫星的宽巷整周模糊度，其中的卫星数目为 $n-n_1$ 个。这些剩余卫星主要是低高度角卫星，低高度角卫星宽巷载波相位观测方程误差方程组的矩阵形式为

$$\begin{bmatrix}\boldsymbol{V}_{L_\mathrm{W}}^{n_1}\\ \boldsymbol{V}_{L_\mathrm{W}}^{n-n_1}\end{bmatrix}=\begin{bmatrix}\boldsymbol{H}^{n_1} & 0\\ \boldsymbol{H}^{n-n_1} & -\boldsymbol{I}\cdot\lambda_\mathrm{W}\end{bmatrix}\begin{bmatrix}\boldsymbol{X}\\ \boldsymbol{N}_\mathrm{W}^{n-n_1}\end{bmatrix}-\begin{bmatrix}L_\mathrm{W}^{n_1}+\lambda_\mathrm{W}\cdot\boldsymbol{N}_\mathrm{W}^{n_1}\\ L_\mathrm{W}^{n-n_1}\end{bmatrix} \tag{6.49}$$

n 为当前历元单差卫星的总数。对式(6.49)进行最小二乘解算，可得剩余卫星宽巷整周模糊度的浮点解。由于宽巷模糊度具有长波长特性，波长为 0.86 m，当 $n-n_1=1$ 时，可直接取整固定低高度角卫星的宽巷整周模糊度；当 $n-n_1>1$ 时，可从最小二乘解算中得到低高度角卫星宽巷模糊度的浮点解和方差-协方差矩阵，对宽巷整周模糊度进行搜索固定。

6.2.3 载波相位模糊度的单历元解算

在准确确定宽巷整周模糊度之后，求解 L1 载波相位的整周模糊度。由式(6.36)、式(6.37)得到无电离层组合载波相位观测方程

$$\lambda_{LC}\cdot\Delta\Phi_{LC}=\Delta H\cdot\delta X+\Delta\rho_0-\lambda_{LC}\cdot\Delta N_{LC}+\Delta\varepsilon_{LC} \tag{6.50}$$

式中，$\Delta\Phi_{LC}=77\cdot\Delta\Phi_1-60\cdot\Delta\Phi_2$ 为星间单差无电离层组合相位观测值；$\Delta N_{LC}=77\cdot\Delta N_1-60\cdot\Delta N_2$ 为星间单差无电离层组合模糊度；$\lambda_{LC}=\dfrac{c}{77\cdot f_1-60\cdot f_2}$ 为单差无电离层组合波长；$\Delta\varepsilon_{LC}$ 为无电离层组合载波相位观测值的噪声及非色散性误差的残差。经过基准站网进行非差误差改正后，可以消除流动站绝大部分非色散性误差的影响。载波相位观测值无电离层组合的系数选择 77、60 是为了保证模糊度的整数特性。

星间单差宽巷整周模糊度、L1 载波相位整周模糊度和无电离层模糊度的关系为

$$\Delta N_{LC}=77\cdot\Delta N_1-60\cdot\Delta N_2=17\cdot\Delta N_1+60\cdot\Delta N_{\mathrm{W}} \tag{6.51}$$

代入式(6.50)，可得

$$\lambda_{LC}\cdot\Delta\Phi_{LC}=\Delta H\cdot\delta X+\Delta\rho_0-17\cdot\lambda_{LC}\cdot\Delta N_1-60\cdot\lambda_{LC}\cdot\Delta N_{\mathrm{W}}+\Delta\varepsilon_{LC} \tag{6.52}$$

将 n 颗星间单差卫星的宽巷模糊度转化成距离观测值，利用无电离层组合观测方程进行 L1 载波相位整周模糊度的解算。宽巷载波相位观测方程与无电离层观测方程写成误差方程组的形式，其矩阵形式可以表示为

$$\begin{bmatrix}V_{L_{\mathrm{W}}}\\V_{L_{LC}}\end{bmatrix}=\begin{bmatrix}\boldsymbol{H}&0\\\boldsymbol{H}&-17\cdot I\cdot\lambda_{LC}\end{bmatrix}\begin{bmatrix}\delta X\\\boldsymbol{N}_1\end{bmatrix}-\begin{bmatrix}L_{\mathrm{W}}+\lambda_{\mathrm{W}}\boldsymbol{N}_{\mathrm{W}}\\L_{LC}+60\lambda_{LC}\cdot\boldsymbol{N}_{\mathrm{W}}\end{bmatrix} \tag{6.53}$$

式中，L_{LC} 为单差载波相位无电离层组合观测值与几何距离之差；$\boldsymbol{N}_1$ 为 L1 载波相位整周模糊度向量。

对式(6.53)进行最小二乘解算，得到 L1 载波相位模糊度的浮点解和协方差矩阵。如果浮点解精度较高可利用直接取整确定单差 L1 载波相位的模糊度。为了保证模糊度的固定成功率，也可利用单差 L1 载波相位模糊度的浮点解和协方差矩阵，对模糊度进行搜索固定。由于流动站的星间单差宽巷整周模糊度已经准确确定，所以能够准确解算出 L1 载波相位的星间单差整周模糊度。L2 载波相位整周模糊度 N_2 由宽巷整周模糊度 N_{W} 和 L1 载波相位整周模糊度 N_1 计算得到：$N_2=N_1-N_{\mathrm{W}}$。使用无电离层组合观测值的目的是为了更好地消除流动站非差电离层延迟误差的影响，选择组合系数为 77、60 及采用 L1 载波相位模糊度作为估计参数，是为了保证模糊度的整数特性，并利用 L1 载波相位整周模糊度，以有利于模糊度搜索。

以上所述是利用非差误差改正数改正后的流动站单差观测方程进行单历元整周模糊度解算的方法。如果按照双差模式进行区域误差改正，本节介绍的方法同样可以对流动站的双差整周模糊度进行单历元解算，计算过程与单差整周模糊度解算过程相同。

§6.3 长距离网络RTK流动站模糊度单历元解算实验

利用非差误差改正数进行长距离网络RTK流动站观测误差改正之后，就可以解算流动站的整周模糊度。利用§5.4中的两组数据（江苏CORS网和山东CORS网）进行长距离网络RTK流动站单历元整周模糊度解算方法实验。按照§6.2中介绍的方法，对这两组数据中的流动站进行整周模糊度单历元解算，并分析模糊度解算结果。

1. 算例1

该算例使用§5.4中处理过的江苏CORS网的实测数据，测站分布如图5.6所示。经过§5.2中的方法对流动站非差观测数据的观测误差进行改正，如§5.4中所述内容，消除了流动站非差伪距和载波相位观测值的绝大部分观测误差。按照§6.2中的长距离流动站单历元解算方法，对该观测时间段（2 h）的载波相位观测数据进行单历元整周模糊度解算。非差参考模糊度选为0时，以前5个历元为例，各卫星的宽巷模糊度搜索结果如表6.1所示。

表6.1 单历元宽巷模糊度搜索结果

历元	PRN6	PRN31	PRN23	PRN3	PRN13	基准卫星	Ratio值
1	−7	−9	15	10	−3	PRN16	145.25
2	−7	−9	15	10	−3	PRN16	2 231.7
3	−7	−9	15	10	−3	PRN16	4 538.2
4	−7	−9	15	10	−3	PRN16	3 505.1
5	−7	−9	15	10	−3	PRN16	238.45

宽巷模糊度搜索过程中，首先要使用模糊度间的线性约束关系选择宽巷整周模糊度备选值。以第一个历元（周内秒518 400）为例，其宽巷整周模糊度的备选值如表6.2所示。

表6.2 历元518 400宽巷模糊度备选值

卫星	高度角/(°)	模糊度备选值
PRN 6	50.6	−9、−7、−5
PRN 31	46.9	−11、−9、−6
PRN 23	41.1	13、15、16、17
PRN 3	37.2	8、10、12
PRN 13	14.6	−6、−5、−4、−3、−2、−1、0

从表6.2中可以看出，经过模糊度间线性约束关系选择之后，大部分卫星的模糊度备选值个数较少。低高度角卫星PRN13相比另外4颗卫星，误差改正后的残

差及观测噪声影响较大，因此，宽巷模糊度备选值较多。在进行宽巷模糊度搜索时，可以先对 PRN6、PRN31、PRN23、PRN3 按照 6.2.2 节中的两步搜索法进行宽巷整周模糊度搜索。待搜索出最优的模糊度组合之后，再确定 PRN13 的宽巷模糊度。PRN13 的高度角只有 14.6°，如果另外 4 颗卫星能够满足定位的需求，可不使用 PRN13。宽巷模糊度确定之后，代入式(6.52)解算 L1 载波相位模糊度，L1 载波相位模糊度的整数解和浮点解(基准卫星 PRN16)如表 6.3 所示。表 6.4 中是非差参考模糊度取 0 时，流动站的整周模糊度正确值。

表 6.3　单历元 L1 模糊度计算结果

历元	PRN6		PRN31		PRN23		PRN3		PRN13	
	整数解	浮点解	整数解	浮点解	整数解	浮点解	整数解	浮点解	整数解	浮点解
1	−10	−9.95	−14	−13.95	7	7.12	7	7.08	−1	−0.82
2	−10	−9.92	−14	−13.89	7	6.92	7	7.06	−1	−0.80
3	−10	−9.92	−14	−13.91	7	7.10	7	7.08	−1	−0.82
4	−10	−9.96	−14	−13.87	7	7.06	7	7.08	−1	−0.79
5	−10	−9.93	−14	−13.90	7	6.98	7	7.10	−1	−0.87

表 6.4　整周模糊度值

卫星	宽巷模糊度	L1 整周模糊度	基准卫星
PRN 6	−7	−10	PRN16
PRN 31	−9	−14	PRN16
PRN 23	15	7	PRN16
PRN 3	10	7	PRN16
PRN 13	−3	−1	PRN16

从表 6.1、表 6.4 中可以看出使用 § 6.2 中的方法可搜索出正确的宽巷整周模糊度。在宽巷模糊度确定之后，L1 载波相位模糊度的计算也可较容易地完成，按照式(6.52)计算出的模糊度浮点解直接取整就可获得正确的整数解，为了保证 L1 载波相位模糊度确定的正确性，也可对 L1 模糊度进行搜索固定。从表 6.1 可知宽巷模糊度搜索的 Ratio 值都较大，越大的 Ratio 值越能保证宽巷模糊度搜索的正确性。因为宽巷模糊度的备选值是稀疏的，并且搜索时低高度角的卫星可不参与模糊度解算，这样可有效地降低模糊度参数向量的维数，同时使用两步搜索法，可保证进一步剔除错误的模糊度备选值组合，这些原因使得 Ratio 值比较大，从而能够保证宽巷模糊度固定的成功率。该算法是进行单历元整周模糊度解算，因此，各历元之间是不相关的，所以 Ratio 值的变化不规律。从上述 5 个历元的解算结果中可知，非差参考模糊度选为 0，在没有周跳的情况下，每个历元独立解算出的整周

模糊度数值不变。如果使用表 5.3、表 5.4 中的非差参考模糊度,则流动站的宽巷模糊度搜索结果如表 6.5 所示。

表 6.5 单历元宽巷模糊度搜索结果

历元	PRN6	PRN31	PRN23	PRN3	PRN13	基准卫星	Ratio 值
1	−201 269	−39 337	−161 918	−255 518	−142 950	PRN16	145.25
2	−201 268	−39 338	−161 919	−255 519	−142 951	PRN16	2 231.7
3	−201 269	−39 338	−161 920	−255 520	−142 963	PRN16	4 538.2
4	−201 267	−39 337	−161 918	−255 518	−142 966	PRN16	3 505.1
5	−201 268	−39 337	−161 919	−255 519	−142 967	PRN16	238.45

使用模糊度间的线性约束关系选择宽巷整周模糊度备选值,其第一个历元(周内秒 518 400)宽巷整周模糊度的备选值如表 6.6 所示。

表 6.6 历元 518 400 宽巷模糊度备选值

卫星	高度角/(°)	模糊度备选值
PRN 6	50.6	−201 271、−201 269、−201 267
PRN 31	46.9	−39 339、−39 337、−39 334
PRN 23	41.1	−161 920、−161 918、−161 917、−161 916
PRN 3	37.2	−255 520、−255 518、−255 516
PRN 13	14.6	−142 953、−142 952、−142 951、−142 950、−142 949、−142 948、−142 947

从表 6.6 中可以看出,经过模糊度间线性约束关系选择之后,各卫星的宽巷模糊度备选值个数同表 6.2 相同,并且模糊度备选值的变化也相同,但模糊度备选值的数值大小有很大差别。而宽巷模糊度的搜索同表 6.1 中宽巷模糊度搜索相同,当宽巷模糊度确定之后,代入式(6.52)解算 L1 载波相位的整周模糊度,计算出的 L1 载波相位模糊度的整数解和浮点解(基准卫星为 PRN16)如表 6.7 所示。

表 6.7 单历元 L1 模糊度计算结果

历元	模糊度类型	PRN6	PRN31	PRN23	PRN3	PRN13
1	整数解	−911 634	−178 181	−733 415	−1 157 324	−647 519
	浮点解	−911 633.95	−178 180.95	−733 415.12	−1 157 324.08	−647 518.82
2	整数解	−911 633	−178 182	−733 415	−1 157 325	−647 520
	浮点解	−911 632.92	−178 181.89	−733 414.92	−1 157 325.06	−647 519.80
3	整数解	−911 632	−178 183	−733 416	−1 157 326	−647 521
	浮点解	−911 631.92	−178 182.91	−733 416.10	−1 157 326.08	−647 520.82
4	整数解	−911 631	−178 183	−733 415	−1 157 325	−647 521
	浮点解	−911 630.96	−178 182.87	−733 415.06	−1 157 325.08	−647 520.79
5	整数解	−911 631	−178 183	−733 415	−1 157 326	−647 522
	浮点解	−911 630.93	−178 182.90	−733 414.98	−1 157 326.10	−647 521.87

从表 6.7 可知直接对浮点解取整即可确定 L1 载波相位模糊度的整数解，为了保证 L1 模糊度确定的准确性，也可对其进行搜索固定。将表 6.5、表 6.7 中解算出的模糊度值同表 6.1、表 6.3 中的模糊度值进行比较，它们之间的差值等于两种不同的非差参考模糊度之间的差值，如表 5.1 与表 5.2 中的比较结果。表 6.5 的宽巷模糊度搜索值同表 6.1 比较虽然不同，但搜索出的 Ratio 值是相同的，并且表 6.6 中宽巷模糊度备选值的变化同表 6.2 也相同。另外，表 6.7 中 L1 模糊度的浮点解的小数部分同表 6.3 也是相同的。这是因为非差参考模糊度数值虽然不同，但同一历元流动站观测方程的系数矩阵、坐标初值精度、流动站误差改正的精度都是一样的，流动站误差改正数值大小的不同包含了参考模糊度的差异，并体现在流动站整周模糊度中。因此，不会影响流动站的误差改正，载波相位观测值中的误差能够得到很好的消除。

对该组 2 小时的实验数据进行流动站整周模糊度确定之后，就可实现流动站的单历元高精度定位。流动站所有历元的单历元定位结果及算例分析将在第 7 章中详述。

2. 算例 2

该算例是使用 § 5.4 中山东 CORS 网的实测数据，其测站分布如图 5.17 所示。通过 § 5.3 中的方法对流动站非差观测数据的电离层延迟误差和非色散性误差进行改正，如 § 5.4 中所述内容，消除了流动站非差伪距和载波相位观测值的绝大部分观测误差。按照 § 6.2 中的长距离流动站单历元解算方法，对流动站 2 小时的载波相位观测数据进行单历元模糊度解算。非差参考模糊度选为 0 时，首先根据 6.2.2 节中的方法进行宽巷整周模糊度的搜索，以前 5 个历元为例，各卫星的宽巷模糊度搜索结果如表 6.8 所示。

表 6.8　单历元宽巷模糊度搜索结果

历元	PRN4	PRN17	PRN2	PRN12	PRN13	PRN5	PRN23	基准卫星	Ratio 值
1	31	5	7	8	−7	0	11	PRN10	1 228.8
2	31	5	7	8	−7	0	11	PRN10	2 969.6
3	31	5	7	8	−7	0	11	PRN10	617.54
4	31	5	7	8	−7	0	11	PRN10	4 471.7
5	31	5	7	8	−7	0	11	PRN10	4 024.1

模糊度间线性约束关系式(6.47)中只受电离层延迟误差的影响，而不受对流层延迟误差、卫星轨道误差、钟差等误差的影响。使用 5.3.2 节中分类误差处理方法计算出流动站的非差电离层延迟误差改正数，对载波相位观测值进行改正。非差误差分类改正方法将电离层延迟误差从观测误差中分离出来，单独进行模型化和误差改正数的计算，能够较好地消除流动站电离层延迟误差的影响(一阶项)。

使用式(6.44)在宽巷模糊度搜索空间中选择宽巷整周模糊度备选值，表 6.9 为第一个历元(周内秒 172 800)流动站的宽巷整周模糊度备选值。

表 6.9　历元 172 800 宽巷模糊度备选值

卫星	高度角/(°)	宽巷模糊度备选值
PRN 4	65.6	29、31、34
PRN 17	51.7	3、5、7
PRN 2	44.9	5、7、9
PRN 12	29.9	6、8、10
PRN 13	25.7	10、−9、−7、−6、−4
PRN 5	21.5	−3、−2、−1、0、1、2、3
PRN23	19.1	

从表 6.9 中可以看出，使用式(6.44)进行选择后，宽巷模糊度搜索空间中的备选值数量较少。低高度角卫星的宽巷模糊度备选值数量多于高高度角卫星的备选值数量，这是因为低高度角卫星所受的观测噪声和误差的残差相比高高度角卫星一般会较大，线性关系的约束能力较弱。该历元可使用卫星有 PRN4、PRN17、PRN2、PRN12、PRN13、PRN5、PRN23，为了提高模糊度的搜索效率和成功率，不使用 PN23 进行模糊度搜索。虽然低高度角卫星的模糊度间线性关系约束能力较弱，但通过 6.2.2 节中的两步搜索方法能够准确固定宽巷模糊度。使用流动站非差非色散性误差改正数改正载波相位无电离层组合观测值，宽巷模糊度确定之后，代入无电离层组合观测方程式(6.52)解算 L1 载波相位的整周模糊度，L1 载波相位模糊度的整数解和浮点解如表 6.10 所示。表 6.11 中是非差参考模糊度取 0 时，流动站的整周模糊度正确值。

表 6.10　单历元 L1 模糊度解算结果

历元	模糊度类型	PRN4	PRN17	PRN2	PRN12	PRN13	PRN5	PRN23
1	整数解	25	9	2	15	2	−1	30
	浮点解	25.04	9.11	1.91	14.85	2.12	−0.85	29.64
2	整数解	25	9	2	15	2	−1	30
	浮点解	25.03	9.08	1.91	14.86	2.19	−0.83	29.58
3	整数解	25	9	2	15	2	−1	30
	浮点解	25.06	9.09	1.88	14.80	2.12	−0.94	29.61
4	整数解	25	9	2	15	2	−1	30
	浮点解	25.04	9.10	1.88	14.79	2.17	−0.97	29.63
5	整数解	25	9	2	15	2	−1	30
	浮点解	25.02	9.10	1.91	14.79	2.14	−0.92	29.60

表 6.11　整周模糊度值

卫星	宽巷模糊度	L1 整周模糊度	基准卫星
PRN 4	31	25	PRN10
PRN 17	5	9	PRN10
PRN2	7	2	PRN10
PRN 12	8	15	PRN10
PRN 13	−7	2	PRN10
PRN 5	0	−1	PRN10
PRN 23	11	30	PRN10

从表 6.8、表 6.11 中可以看出使用§6.2 中的方法可搜索出正确的宽巷整周模糊度。宽巷模糊度确定之后，L1 载波相位模糊度的解算也可较容易的完成。从表 6.10 中可知，按照式(6.53)计算的 L1 载波相位模糊度浮点解直接取整就可获得正确的整数解，为了保证 L1 载波相位模糊度解算的成功率，也可对模糊度进行搜索固定。从表 6.8 可知，宽巷模糊度搜索的 Ratio 值都较大。宽巷模糊度的备选值是稀疏的，模糊度搜索时低高度角的卫星不参与模糊度解算，在保证 PDOP 值的前提下，降低了模糊度参数向量的维数，两步搜索法的使用，剔除了较多的错误模糊度备选值组合，这些原因都使 Ratio 值比较大，从而能够保证宽巷模糊度固定的成功率。因为该算法是进行单历元整周模糊度解算，所以，历元间的模糊度解算是不相关的，因此，Ratio 值的变化没有规律性。这 5 个历元的观测数据不存在周跳，每个历元的非差参考模糊度都选为 0 时，各历元独立解算出的整周模糊度数值不变。如果使用表 5.5、表 5.6 的非差参考模糊度，流动站的宽巷模糊度搜索结果如表 6.12 所示。

表 6.12　单历元宽巷模糊度搜索结果

历元	PRN4	PRN17	PRN2	PRN12	PRN13	PRN5	PRN23	基准卫星	Ratio 值
1	−40 249	−87 332	−135 785	−15 510	−121 145	18 950	−135 852	PRN10	1 228.8
2	−40 248	−87 331	−135 784	−15 509	−121 144	18 951	−135 850	PRN10	2 969.6
3	−40 248	−87 331	−135 784	−15 509	−121 145	18 951	−135 851	PRN10	617.54
4	−40 249	−87 332	−135 785	−15 510	−121 145	18 950	−135 852	PRN10	4 471.7
5	−40 249	−87 332	−135 785	−15 511	−121 145	18 950	−135 852	PRN10	4 024.1

使用模糊度间的线性约束关系式(6.44)在宽巷模糊度搜索空间中选择宽巷整周模糊度备选值，第一个历元(周内秒 172 800)流动站宽巷整周模糊度的备选值如表 6.13 所示。

从表 6.13 中可以看出，宽巷模糊度备选值个数与表 6.9 中模糊度备选值个数相同，且备选值的变化也相同，但模糊度备选值的数值大小有很大差别，不过宽巷模糊度的搜索过程是一样的。确定宽巷模糊度后，将其代入无电离层组合观测方程式(6.52)解算 L1 载波相位的整周模糊度,L1 载波相位模糊度的整数解和浮点解如表 6.14 所示。

表 6.13 历元 172 800 宽巷模糊度备选值

卫星	高度角/(°)	模糊度备选值
PRN 4	65.6	−40 251、−40 249、−40 247
PRN 17	51.7	−87 334、−87 332、−87 330
PRN 2	44.9	−135 787、−135 785、−135 783
PRN 12	29.9	−15 512、−15 510、−15 508
PRN 13	25.7	−121 148、−121 147、−121 145、−121 144、−121 142
PRN 5	21.5	18 947、18 948、18 949、18 950、18 951、18 952、18 953
PRN23	19.1	

表 6.14 单历元 L1 模糊度搜索结果

历元	模糊度类型	PRN4	PRN17	PRN2	PRN12	PRN13	PRN5	PRN23
1	整数解	−182 417	−395 582	−615 037	−70 268	−548 712	85 804	−615 338
	浮点解	−182 417.04	−395 582.11	−615 036.91	−70 267.85	−548 712.12	85 803.85	−615 337.64
2	整数解	−182 417	−395 581	−615 036	−70 268	−548 711	85 805	−615 337
	浮点解	−182 417.03	−395 581.08	−615 035.91	−70 267.86	−548 711.19	85 804.83	−615 336.58
3	整数解	−182 417	−395 581	−615 036	−70 268	−548 712	85 805	−615 338
	浮点解	−182 417.06	−395 581.09	−615 035.88	−70 267.80	−548 712.12	85 804.94	−615 337.61
4	整数解	−182 418	−395 582	−615 037	−70 269	−548 712	85 804	−615 339
	浮点解	−182 418.04	−395 582.10	−615 036.88	−70 268.79	−548 712.17	85 803.97	−615 338.63
5	整数解	−182 418	−395 582	−615 037	−70 269	−548 712	85 804	−615 339
	浮点解	−182 418.02	−395 582.10	−615 036.91	−70 268.79	−548 712.14	85 803.92	−615 338.60

从表 6.14 中可以看出直接对浮点解取整即可确定 L1 载波相位模糊度的整数解,为了保证 L1 载波相位模糊度固定的准确性,也可对其进行搜索固定。将表 6.12、表 6.14 中解算出的模糊度值同表 6.8、表 6.10 中的模糊度值进行比较,它们之间的差值等于两种不同的非差参考模糊度之间的差值。表 6.12 和表 6.8 中的宽巷模糊度值虽然不同,但两次搜索的 Ratio 值是相同的,且表 6.12 中宽巷模糊度备选值的变化与表 6.8 也相同。而两种不同的非差参考模糊度所计算的 L1 载波相位模糊度浮点解具有相同的小数部分,这是因为在同一历元,观测方程的系数矩阵、坐标初值精度、流动站误差改正数中包含的各项误差改正是相同的。流动站非差误差改正数包含了这两种非差参考模糊度间的数值差异,并通过解算出的流动站整周模糊度体现出来。因此,观测误差的消除不受非差参考模糊度取值的影响,无论何种非差参考模糊度取值方法都不影响流动站的非差误差改正和定位。

第7章　基于非差误差改正数的长距离单历元网络 RTK 算法综合实验

前面几章对长距离网络 RTK 基准站网的模糊度单历元解算、大范围区域误差的非差改正和流动站整周模糊度的单历元解算的理论基础和算法等做了详细的介绍。本章利用多个省级 CORS 网的实测数据和广播星历进行算法实验，将 CORS 网的实测数据做动态单历元处理，并对实验结果进行分析。

§4.3、§5.4、§6.3 对本书的主要算法进行了实验，证明本书介绍的算法能够完成长距离网络 RTK 基准站网的整周模糊度单历元解算，利用基准站网得到流动站的非差误差改正数，可进行流动站的观测误差改正，然后单历元解算出流动站的整周模糊度和定位坐标。为了对本书的基于非差误差改正数的长距离单历元网络 RTK 算法做综合检验，本章进行算法的综合实验。由于在流动站载波相位整周模糊度准确确定的情况下，流动站观测值非差误差改正的精度直接影响流动站定位结果的精度，因此，通过算法的综合实验得到流动站定位结果的精度，在一定程度上可以反映非差误差改正方法的误差改正效果，从而能够进一步检验本书的非差误差改正方法。

1. 算例 1

使用§5.4、§6.3 中江苏 CORS 网的观测数据，进行该算例的综合算法实验，测站分布如图 5.6 所示。首先利用本书的算法确定基准站 A、B、C 的整周模糊度，计算流动站的非差误差改正数，并对流动站观测数据进行误差改正，然后单历元解算出了 2 小时观测数据的整周模糊度，并利用无电离层组合观测方程进行流动站的单历元定位。通过对该组数据做动态单历元定位处理，可以得到流动站 N、E、U 3 个方向上的定位结果，将定位结果与坐标精确已知值进行比较，得到 3 个坐标分量上定位结果与坐标精确已知值的差值，差值结果如图 7.1～图 7.3 所示。

在 2 小时的观测时间后，再增加 22 小时的实验数据，共 24 小时。对后续时间段的实验数据做动态单历元定位处理，得到流动站 N、E、U 3 个方向上的定位结果，将定位结果与坐标精确已知值进行比较，得到 3 个坐标分量上定位结果与坐标精确已知值的差值，如图 7.4～图 7.6 所示。图 7.1～图 7.6 中横坐标表示历元，采样间隔为 15 s，纵坐标表示相应坐标分量上的单历元定位结果与坐标精确已知值的差值，单位为米，从图 7.1～图 7.6 可以看出，系统误差基本被本书的非差误差改正方法消除，定位结果中主要是随机噪声等非系统误差的影响，通过对定位结果与

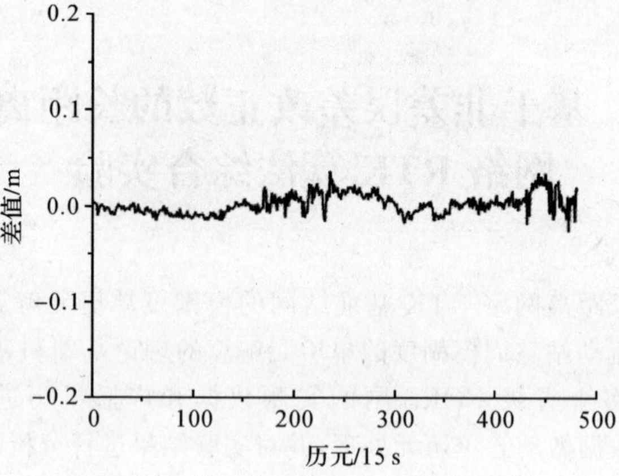

图 7.1　N 方向定位结果差值(2 h)

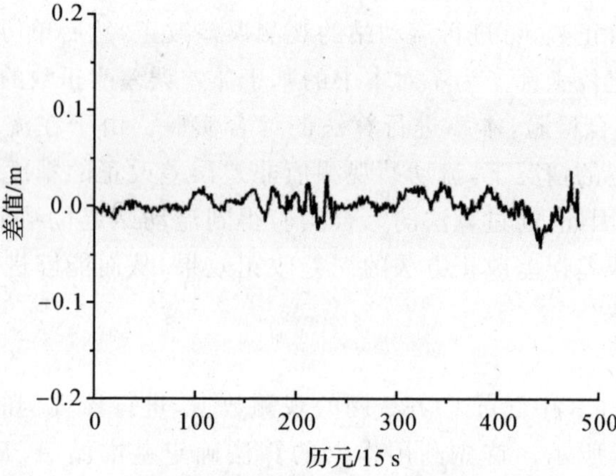

图 7.2　E 方向定位结果差值(2 h)

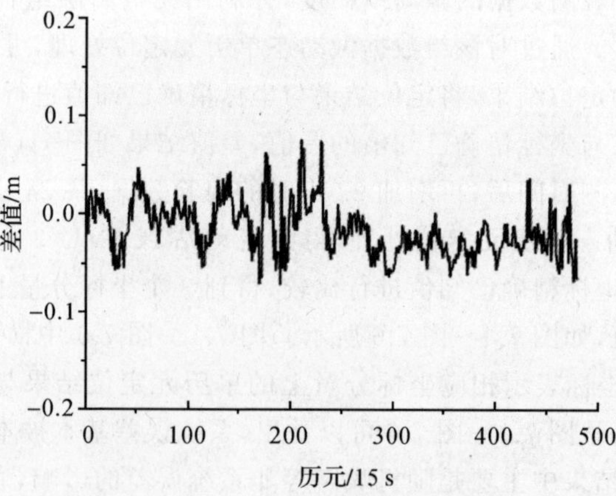

图 7.3　U 方向定位结果差值(2 h)

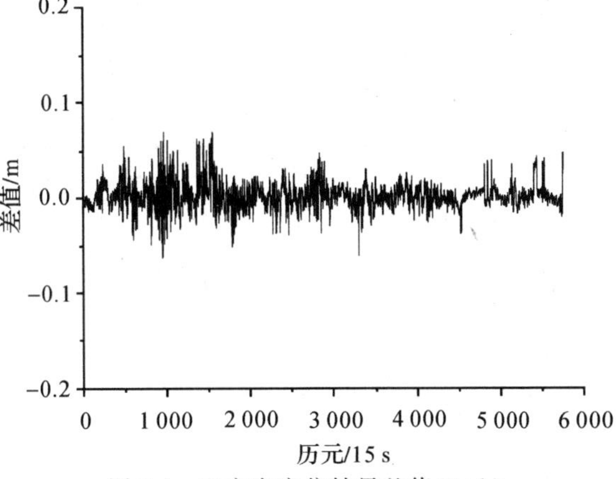

图 7.4　N 方向定位结果差值(24 h)

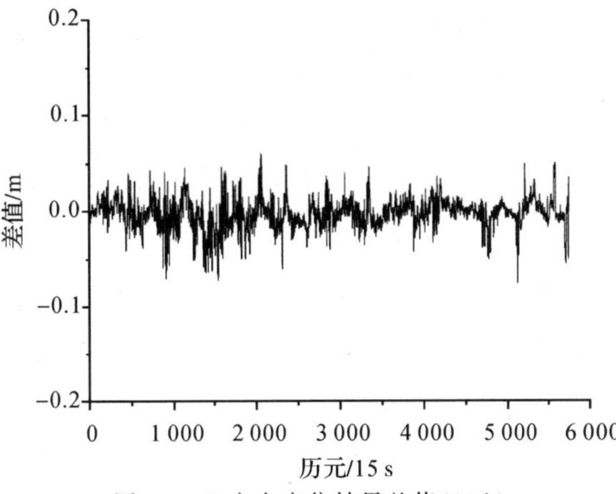

图 7.5　E 方向定位结果差值(24 h)

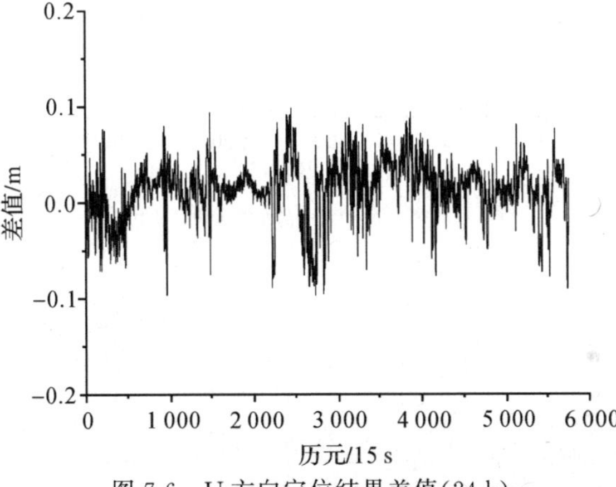

图 7.6　U 方向定位结果差值(24 h)

坐标精确已知值的差值进行概率统计，可得 N、E 和 U 3 个坐标分量的单历元定位结果差值的统计信息如表 7.1 所示。

表 7.1 定位结果的统计信息(RMS)

数据来源	N 方向/m	E 方向/m	U 方向/m	观测时间/h
江苏 CORS 网	0.011	0.012	0.031	2
江苏 CORS 网	0.013	0.015	0.030	24

2. 算例 2

采用§5.4 节、§6.3 中山东 CORS 网的观测数据，进行该算例的综合算法实验，测站分布如图 5.17 所示。对该组数据做单历元动态处理，利用本书的算法确定基准站的整周模糊度，流动站非差观测误差得到消除后，进行流动站整周模糊度的单历元解算，将确定出的宽巷整周模糊度和 L1 载波相位整周模糊度代入无电离层组合观测方程进行流动站的单历元定位。得到测站动态单历元定位结果后，将 N、E、U 3 个坐标分量上的定位结果与测站坐标的精确已知值做差，其差值如图 7.7～图 7.9 所示。在 2 小时的观测时段后增加 10 小时的观测数据，并对其进行动态单历元处理，得到 3 个坐标分量上的定位结果与测站坐标的已知值做差，差值如图 7.10～图 7.12 所示。

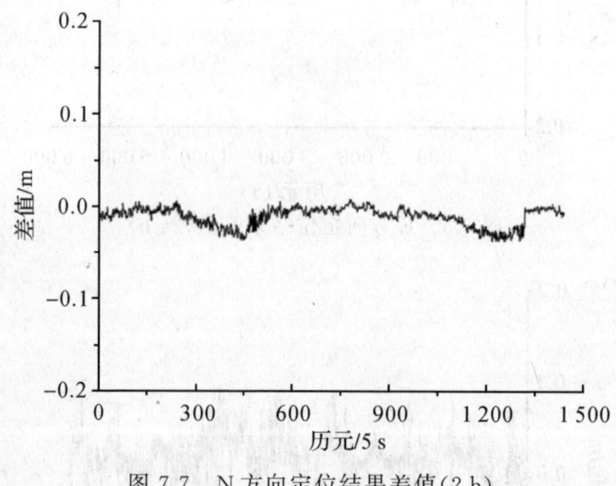

图 7.7 N 方向定位结果差值(2 h)

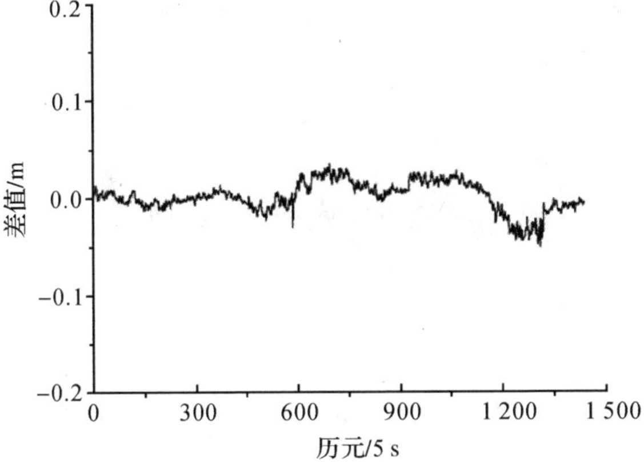

图 7.8　E 方向定位结果差值(2 h)

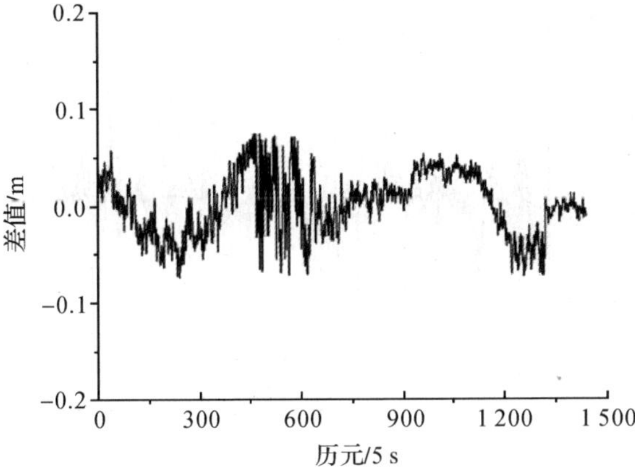

图 7.9　U 方向定位结果差值(2 h)

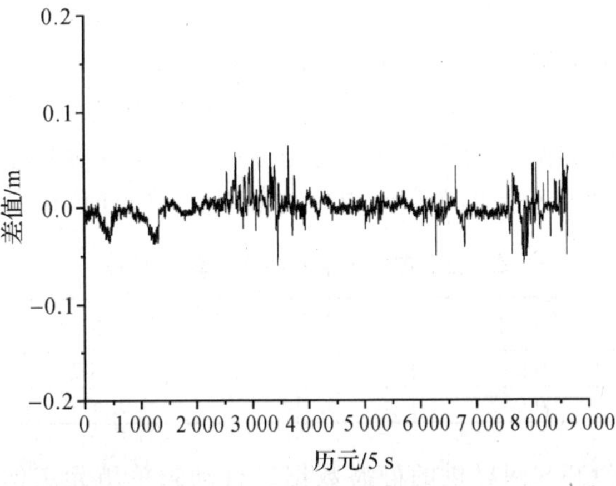

图 7.10　N 方向定位结果差值(12 h)

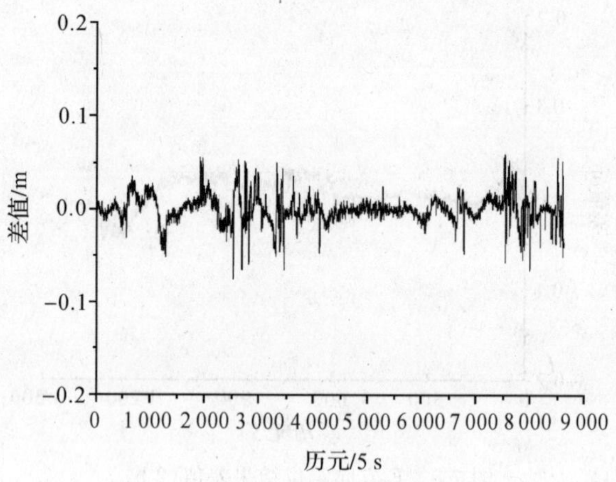

图 7.11　E 方向定位结果差值(12 h)

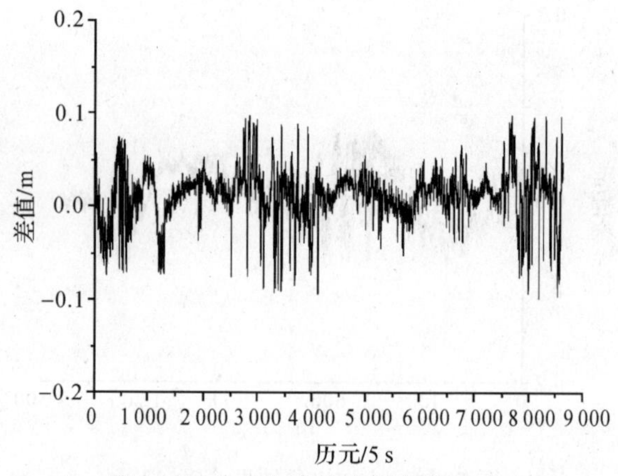

图 7.12　U 方向定位结果差值(12 h)

图 7.7～图 7.12 中横坐标表示历元,采样间隔为 5 s,纵坐标表示相应坐标分量上的单历元定位结果与坐标精确已知值的差值,单位为米。从图 7.7～图 7.12 的差值结果中可以看出,系统误差基本被消除,主要是随机噪声等非系统误差影响流动站的单历元定位结果,对定位结果与坐标精确已知值的差值进行概率统计,得到 N、E 和 U 3 个坐标分量的单历元定位结果差值的统计信息如表 7.2 所示。

表 7.2　定位结果的统计信息(RMS)

数据来源	N 方向/m	E 方向/m	U 方向/m	观测时间/h
山东 CORS 网	0.014	0.015	0.032	2
山东 CORS 网	0.012	0.015	0.030	12

从上述不同 CORS 网提供的静态数据进行动态单历元定位处理的实验测试结果来看,本书介绍的基于非差误差改正数的长距离单历元网络 RTK 算法,能够

为用户提供厘米级精度的单历元定位结果。此外，流动站用户采用无电离层观测方程进行定位，所以电离层延迟误差对流动站定位的影响很小，可以忽略，主要是受非色散性误差的残差和随机噪声的影响。非差误差改正方法和分类误差非差改正方法对非色散性误差的处理相同，即都是基于测站位置进行误差内插计算，所以，对流动站用户而言，使用这两种误差改正方法的定位结果是一致的。虽然两者的流动站定位结果是一致的，但分类误差非差改正方法将非差电离层延迟误差分离出来，然后进行误差改正数内插计算，这样生成的电离层延迟误差改正数更有利于流动站模糊度间线性关系的使用和流动站模糊度的单历元解算。

3. 算例 3

为了验证基于非差误差改正数的长距离单历元网络 RTK 算法的动态处理效果，采用 2009 年 8 月 7 日采集的实测动态数据进行算法综合实验。首先选用河北省连续运行卫星定位服务系统的隆化站（CDLH）和崇礼站（ZJCL）作为网络 RTK 的 2 个基准站，在内蒙古的太仆寺旗设立一个基准站（NMTQ），共 3 个基准站。测站 CDLH 与 ZJCL 间距 204 km，测站 CDLH 与 NMTQ 间距 214 km，测站 NMTQ 与 ZJCL 间距 97 km，流动站用户在距离测站 NMTQ 约 40 km 的区域内进行动态数据采集。基准站设立并开始观测后，两个流动站用户各选用一台 GPS 接收机架于各自的汽车顶部，静止观测 10 分钟后，开始在基准站网覆盖的区域内各自运动，基准站和流动站的数据采样率都为 1 Hz，利用本书的算法进行单历元定位计算，得出流动站用户平面运动轨迹如图 7.13、图 7.14 所示。为了检验流动站的单历元定位结果，对本组数据使用 TGO 软件进行定位处理，两个流动站用户一开始进行 10 分钟的静态观测就是为 TGO 软件处理提供初始化时间。然后将本书算法的单历元定位结果同 TGO 软件的解算结果进行比较，其差值结果见图 7.15～图 7.20。

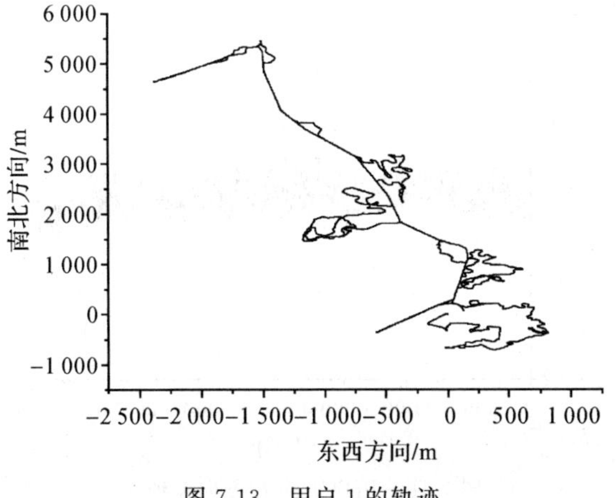

图 7.13　用户 1 的轨迹

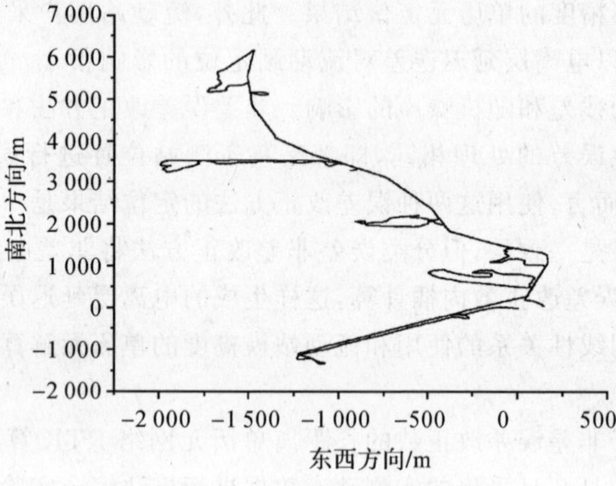

图 7.14　用户 2 的轨迹

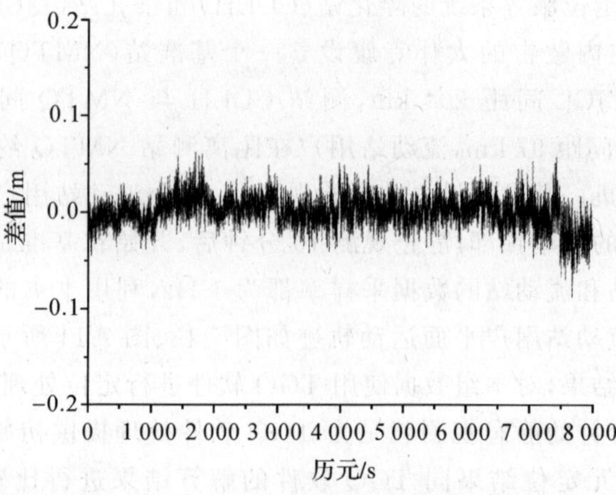

图 7.15　用户 1 的 N 方向差值

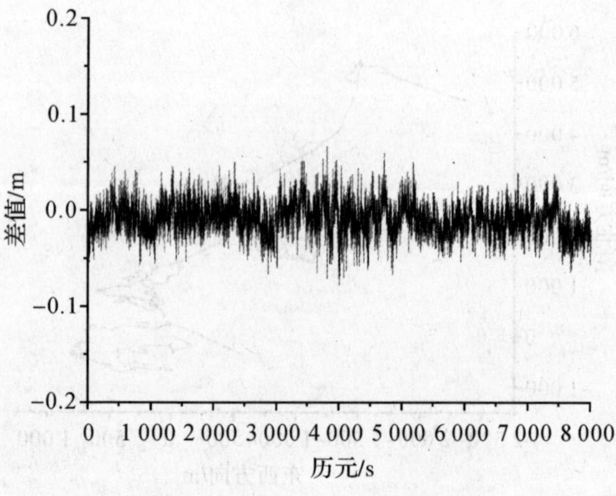

图 7.16　用户 1 的 E 方向差值

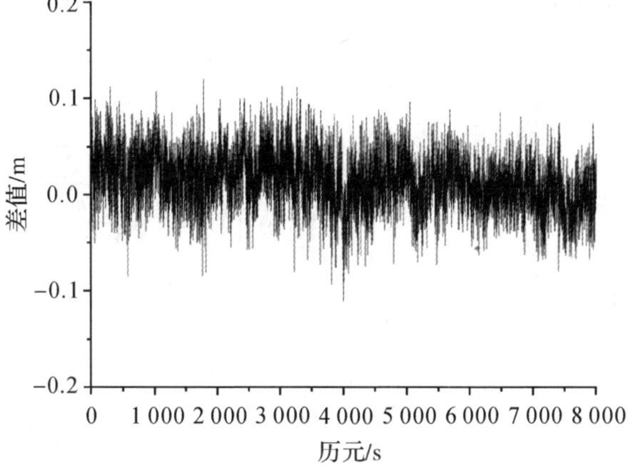

图 7.17　用户 1 的 U 方向差值

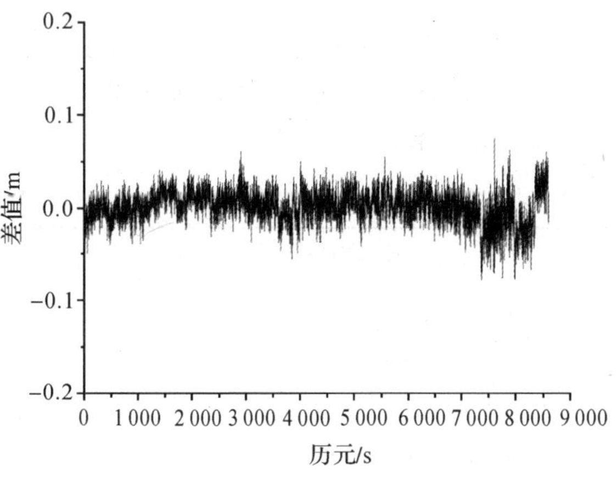

图 7.18　用户 2 的 N 方向差值

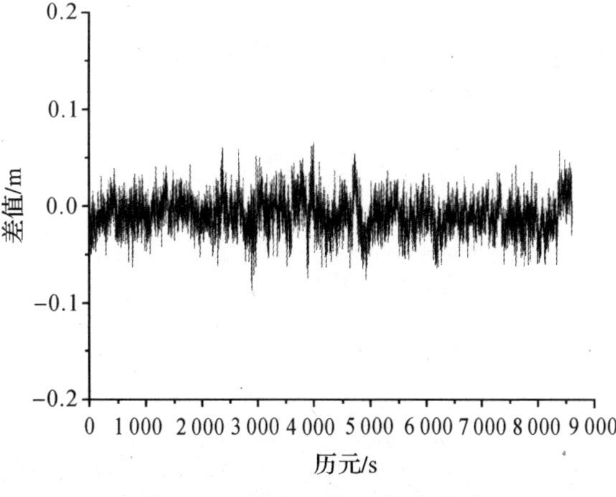

图 7.19　用户 2 的 E 方向差值

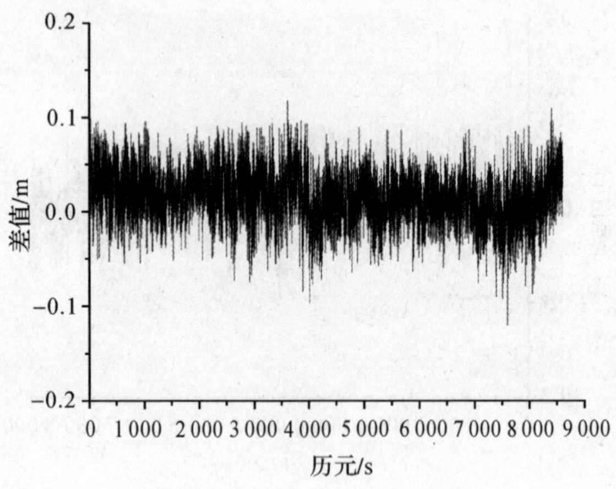

图 7.20 用户 2 的 U 方向差值

对图 7.15～图 7.20 中本书算法的单历元解算结果与 TGO 软件初始化后的解算结果的差值进行概率统计，得到 3 个方向 N、E 和 U 坐标分量上定位结果差值的统计信息，其结果如表 7.3 所示。

表 7.3 动态实验单历元定位结果差值的统计信息(RMS)

流动站	N 方向/m	E 方向/m	U 方向/m	观测时间
用户 1	0.016 2	0.017 6	0.032 4	2 小时 19 分 20 秒
用户 2	0.017 1	0.018 3	0.028 3	2 小时 23 分 15 秒

两个流动站用户开始进行了 10 分钟的静态观测，为 TGO 软件解算提供了足够的初始化时间，因此，TGO 软件解算的用户轨迹具有较高的精度。由表 7.3 可知，本书算法动态单历元定位结果同 TGO 软件定位结果相比较，差值的 RMS 小于 5 cm。从动态实测数据的实验结果来看，本书的基于非差误差改正数的长距离单历元网络 RTK 算法具有较好的动态处理效果。

参考文献

陈小明.1997.高精度GPS动态定位的理论与实践[D].武汉:武汉测绘科技大学.

方荣新.2010.高采样率GPS数据非差精密处理方法及其在地震学中的应用研究[D].武汉:武汉大学.

高星伟.2002.GPS/GLONASS网络RTK的算法研究与程序实现[D].武汉:武汉大学测绘学院.

高星伟,刘经南,李毓麟.2005.网络RTK的轨道误差分析与消除[J].测绘科学,30(2):41-43.

葛茂荣,刘经南.1996.GPS定位中对流层折射估计研究[J].测绘学报,25(4):285-291.

刘基余,李征航,王跃虎,等.1993.全球定位系统原理及其应用[M].北京:测绘出版社.

刘经南,陈俊勇,张燕平,等.1999.广域差分GPS原理和方法[M].北京:测绘出版社.

刘经南,刘焱雄.2000.GPS卫星定位技术进展[J].全球定位系统,(2):1-7.

唐卫明.2006.大范围长距离GNSS网络RTK技术研究及软件实现[D].武汉:武汉大学测绘学院.

吴星华,吕振业,VANCRANENBROECK J.2005.徕卡最新主辅站技术在昆明市GPS参考站网中的应用[EB/OL].[2005-11-1].http://www.leica-geosystems.com.cn/.

叶世榕.2002.GPS非差相位精密单点定位理论与实现[D].武汉:武汉大学.

赵晓峰.2003.区域性电离层格网模型建立方法研究[D].武汉:武汉大学.

周乐韬,黄丁发,袁林果,等.2007.网络RTK参考站间模糊度动态解算的卡尔曼滤波算法研究[J].测绘学报,36(1):37-42.

邹蓉,刘晖,姚宜斌,等.2005.Delaunay三角网构网技术在连续运行卫星定位服务系统中的应用[J].测绘信息工程,30(6):9-11.

ABIDIN H Z.1993.On the construction of the ambiguity searching space for On-the-fly ambiguity resolution[J].Journal of the Institute of Navigation,40(3):321-338.

AHN Y W.2005.Analysis of GNS CORS network for GPS RTK performance using external NOAA tropospheric corrections integrated with a multiple reference station approach[C].Calgary:University of Calgary.

BAUERSIMA I. 1983. Navstar/Global Positioning System (II) [M]. Zimmirwald Nr. 10: Mitteilungen der Satellten beobachtungsstation.

BLACK H D.1978.An easily implemented algorithmfor the tropospheric range correction [J]. Journal of Geophysical Research,83 (B4):1825-1828.

CARCANAGUE S,JULIEN O,VIGNEAU W,et al.2011.Undifferenced ambiguity resolution applied to RTK,Proceedings of the ION GNSS 2011 [C].Red Hook:Curran Associates,Inc.

CHEN Dingsheng.1994.Development of a Fast Ambiguity Search Filtering (FASF) method for GPS carrier phase ambiguity resolution[C].Calgary:University of Calgary.

CHEN H Y,RIZOS C,HAN S.2004.An instantaneous ambiguity resolution procedure suitable for medium-scale GPS reference station networks[J].Survey Review,37(291):396-410.

COLLINS P,LAHAYE F,HéROUS P,BISNATH S.2008.Precise point positioning with AR using the decoupled clock model, Proceedings of ION GNSS[C].Red Hook: Curran Associates, Inc.

DAI Liwen, WANG Jinling, RIZOS C, et al.2001.Real-time carrier phase ambiguity resolution for GPS/GLONASS reference station networks. Int. Symp. on Kinematic Systems in Geodesy, Geomatics & Navigation KIS2001.

EULER H J, LANDAU H.1992.Fast GPS ambiguity resolution on-the-fly for real-time application, Proceedings of Sixth International Geodetic Symposium on Satellite Positioning[C].Columbus: Defense Mapping Agency.

FREI E, BEUTLER G. 1990. Rapid static positioning based on the fast ambiguity resolution approach "FARA": theory and first results[J].Manuscripta Geodaetica, 15(4): 325-356.

Ge M R, ZOU X, DICK G, et al. 2010. An alternative network RTK approach based on undifferenced observation corrections, Proceedings of ION GNSS [C]. Red Hook: Curran Associates, Inc.

GE M, GENDT G, ROTHACHER M, et al.2008.Resolution of GPS carrier-phase ambiguities in Precise Point Positioning (PPP) with daily observations[J].Journal of Geodesy (82): 389-399.

HAN S, RIZOS C.1996.GPS network design and error mitigation for real-time continuous array monitoring system, Proc. ION GPS-96, 9th Int. Tech. Meeting of the Satellite Division of The U.S.Institute of Navigation[C].Red Hook: Curran Associates, Inc.

HAN S. 1997. Carrier phase-based long-range GPS kinematic positioning [D]. Sydney: the University of New South Wales.

HATCH R R.1982.The synergism of code and carrier measurements, Proceedings of the third international symposium on satellite doppler positioning [C]. Las Crues: New Mexico State University.

HATCH R R, EULER H J.1994.Comparison of several AROF kinematic techniques, Proceedings of ION GPS-94[C].Red Hook: Curran Associates, Inc.

HATCH R. R. 1990. Instantaneous ambiguity Resolution. IAG Symposium NO. 107 "Kinematic Systems in Geodesy, Surveying, and Remote Sensing", Banff, Canada, Septempber 10-13 KIS'90. Springer Verlag, 299-308.

HERN M, JUAN J M, SANZ J. 2000. Application of ionospheric tomography to real-time GPS carrier-phase ambiguities resolution, at scales of 400-1000 km and with high geomagnetic activity[J].Geophysical Research Letters, 27(13): 2009-2012.

HEROUX P, KOUBA J.2001.GPS Precise Point Positioning Using IGS Orbit Products[J].Phy. Chem Earth(A), 26(6): 573-578.

HOPFIELD H S.1969.Two-quartic tropospheric refractivity profile for correcting satellite data [J].Journal of Geophysical Research Geophys, 74(18): 4487-4499.

KLOBUCHAR J A.1987.Ionospheric time-delay algorithm for single-frequency GPS users[J]. IEEE Transactions on Aerospace and Electronic Systems, AES-23(3): 325-331.

LANDAU H, VOLLATH U, DEKING A, ET AL. 2001. Virtual Reference Station Networks-Recent Innovations by Trimble, GPS Symposium 2001[C].Tokyo: [s.n.].

LAURICHESSE D, MERCIER F.2007.Integer ambiguity resolution on undifferenced GPS phase measurements and its application to PPP, Proceedings of the ION GNSS 2007[C], Red Hook: Curran Associates, Inc.

LAURICHESSE D. 2011. The CNES real-time PPP with undifferenced integer ambiguity resolution demonstrator, Proceedings of the ION GNSS 2011[C].Red Hook: Curran Associates, Inc.

LI Xingxing, ZHANG Xiaohong, GE Maorong. 2011. Regional reference network augmented precise point positioning for instantaneous ambiguity resolution[J].Journal of Geodesy(85): 151-158.

MACDONALD A.E.2001.The wild card in the climate change debate[J].Issues in Science and Technology, 7(4): 51-56.

SAASTAMINEN J.1973.Contribution to the theory of atmospheric regraction[J].Bulletion Geodesique, 107: 13-14.

SUN H, CANNON M E, MILIGARD T.1999.Real-time GPS reference network carrier-phase ambiguity resolution, Proc ION NTM-99 Institute of Navigation[C]. Red Hook: Curran Associates, Inc.

TEUNISSEN P J G.1995.The least-squares ambiguity decorrelation adjustment: a method for fast GPS integer ambiguity estimation[J].Journal of Geodesy, 70(1): 65-82.

VOLLATII U, LANDAU H, CHEN Xiaoming.2002.Network RTK-Concept and Performance, The GNSS Symposium 2002[C].Irvine: Scientific Research Publishing, Inc.

WANNINGER L.1995.Improved ambiguity resolution by regional differential modeling of the ionosphere, Proc.ION GPS-95[C], Red Hook: Curran Associates, Inc.

WEBSTER I, KLEUSBERG A.1992.Regional Modeling of Ionosphere for single frequency users of Global Positioning System[C]. Columbus: Proc 6th Int Geodetic Symp on Satellite Positioning.

WU J T.1994.Weighted Differential GPS Method for Reducing Ephemeris Error[J].Manuscipta Geodaetica, 20: 1-7.

WÜBBENA G, SCHMITZ M, BAGGE A.2005.PPP-RTK: Precise point positioning using state-space representation in RTK networks, Proceedings of the ION GNSS 2005[C].Red Hook: Curran Associates, Inc.

ZHANG J, LACHAPELLE G.2001.Precise estimation of residual tropospheric delays using a regional GPS network for real-time kinematic applications[J].Journal of Geodesy, 75(5-6): 255-266.